느린 아이 어떻게 키워야 할까

느린 기질을 이해하고 성장 그릇을 키워 주는 발달 육아법

느린아이
어떻게
키워야 할까

김미미
김효선

지 음

C
클랩북스

《느린 아이 어떻게 키워야 할까》추천사

선우현
명지대학교 통합치료대학원 아동심리치료학과 주임 교수 _____

아이들이 성장하는 속도는 모두 다릅니다. 부모는 자녀가 잘 자라고 있는지 알고
싶지만 정확한 정보를 얻거나 평가를 받기가 쉽지는 않습니다. 이 책은 아이의 건
강한 발달을 위한 노하우와 부모가 해야 할 일을 친절하게 알려 줍니다. 어린 자
녀를 키우는 부모라면 반드시 도움을 받을 수 있을 것입니다. 무엇보다 부모 코칭
전문가들이 들려주는 이 이야기가 육아로 분투하는 부모들에게 따뜻한 힘이 되
어 줄 것입니다.

홍정애
명지대학교 심리재활협동학과 특임 교수 | 〈한국관계놀이상담학회〉 전 학회장 _____

부모는 아이의 발달 여정을 함께하는 동반자입니다. 아이의 잠재력과 주도성을
이끌어 내기 위해서는 아이들의 독특한 발달 궤도를 이해하고 끊임없이 질문해
야 합니다. 《느린 아이 어떻게 키워야 할까》에는 내 아이를 이해하고 성장시키는
방법으로써 '왜', '어떻게', '무엇을'에 대한 설명과 제안이 가득합니다. 이 책을 읽
으면 자녀와 함께하는 여정에 확신과 만족감을 갖게 될 것입니다. 우리의 아이들
과 부모들에게 응원을 보냅니다.

김은지

소아청소년 정신의학과 전문의 | 〈사단 법인 마음건강센터〉 이사장

아이들의 발달 문제를 다룬 책은 많습니다. 하지만 아이들의 발달 문제를 '어떻게 도와주어야 하는지'까지 다룬 책은 많지 않습니다. 《느린 아이 어떻게 키워야 할까》는 다양한 발달 문제를 겪고 있는 아이의 부모가 치료 계획을 세울 수 있도록 정보를 제공합니다. 이 책이 아이와 함께 가는 치료 여정에 매우 실용적이고 든든한 가이드가 되어 줄 것입니다.

아인이 엄마 최현기

〈놀잇다 사회적협동조합〉 이사

저는 자폐성 발달 장애를 가진 큰 아이와 예민한 기질의 비장애 둘째 아이를 둔 엄마입니다. 저희 아이들은 두 분께 놀이 치료를 받고 많은 변화를 경험했습니다. 아이들의 표정과 행동의 작은 변화도 예리하게 관찰하며 따뜻한 시선으로 보내 주었던 선생님의 모습이 기억납니다. 그 당시 아무 반응이 없던 큰 아이와 끊임없이 상호 작용을 시도했던 선생님의 모습을 보며 저는 좋은 양육 태도란 어떤 것인지를 배울 수 있었습니다. 또한 부모 상담 시간에 따뜻한 말씀을 건네주신 덕분에 큰 위로를 받았습니다.

이 책은 제가 느낀 두 분의 따뜻함이 그대로 배어 있는 책입니다. 내 아이의 발달이 평범하지 않다는 것을 알게 되면 상상할 수 없을 만큼 큰 혼란과 두려움이 찾아옵니다. 이러한 상황에 놓인 부모들에게 이 책을 권합니다. 치료라는 긴 여정을 시작하기 전, 이 책을 접한다면 막연한 두려움이 조금이나마 줄어들 것이라 확신합니다.

느린 아이를 키우는 여정이 힘들기만 한 것은 아닙니다. 느린 아이도 분명 성장하고 부모에게 기쁨을 줍니다. 그리고 주변을 돌아보면 도움을 받을 수 있는 곳이 얼마든지 있습니다. 이렇게 좋은 치료사 선생님들처럼 말이죠.

'우리 집'이
아이의 첫 번째
놀이터입니다

옛날 옛적에는 친구들의 집을 돌아다니며 놀았습니다. 오늘은 미선이네, 내일은 선미네, 그다음 날은 영철이네. 매번 다른 친구의 집에 놀러갈 때면 설레는 마음뿐이었습니다. '이 친구 집에서는 뭘 하며 놀까?' 문을 열고 들어가면 집마다 벽지의 색깔, 방의 구조, 향기와 분위기까지 어느 한 곳도 같지 않았습니다. 호기심 가득한 저에게 친구들의 집은 늘 궁금한 곳이었고 새로운 만족을 주었지요.

어떤 집이 좋은 집이었을까요? 방이 크고 넓은 집이었을까요? 비싼 물건이 있는 집이었을까요? 최신 장난감이 잔뜩 있는 집이었을까요? 때로는 그런 친구들의 집이 부럽기도 했지만 그래도 제일 좋은 집은 '우리 집'이었습니다. 아이들은 '우리 집'에서 먹고 자고 자랍니다. 집은 단순한 주거지를 넘어 아이가 처음 말을 하고, 첫걸음마를 떼고, 타인과의 상호 작용을 배우는 곳입니다. 그래서 아이에게 '우리 집'이란 세상을 만나고 기억하는 첫 번째 놀이터인 셈이지요. 모든 것이 '처음' 이루어지는 공간이자 편안하고, 즐겁고, 행복하고, 안정감이 느껴지는 곳. 집은 아이에게 그런 장소가 되어 줍니다.

상담을 하다 보면 많은 부모님들이 이런 질문들을 합니다. 거실을 어떻게 꾸미면 좋을까요, 아이 방의 벽지는 어떤 색으로 도배할까요, 장난감은 얼마나 구비하면 될까요, 책상 높이는 어느 정도가 적당할까요…. 아이에게 맞는 환경을 찾기 위해 무척 세심한 고민을 하시지요. 여기에 답을 드리자면, 저는 이렇게 대답하겠습니다.

"아이의 공간은 자유롭고 편안해야 합니다."

집은 아이의 첫 번째 놀이터이자, 안전기지가 되어 주면 됩니다. 그리고 부모님은 첫 번째 놀이터의 첫 번째 친구가 되어 주셔야 해요. 신나게 어지르면서 놀 수 있는 놀이터야말로 진정 아이를 위한 공간이 될 수 있습니다. 보기에만 예쁘고 조심해서 바라만 봐야 하는 곳은 놀이터라고 할 수 없겠지요.

집은 아이에게 첫 번째 놀이터,
부모님은 아이의 첫 번째 친구입니다.

저는 15년간 놀이 심리 상담사로서 많은 부모님과 아이들을 만났습니다. 그 과정에서 느낀 점은, 아이는 작은 것 하나로 변화가 시작된다는 것이었어요. 문제 행동을 보이던 아이, 정서가 불안정했던 아이, 발달이 느려 촉진이 필요했던 아이 모두 마치 파도가 치는 모습처럼 좋아졌다가 나빠졌다가를 반복하며 성장했습니다. 그 과정에서 부모님은 마음을 졸이기도 하고 감동의 순간을 맞이하기도 하고 지친 모습을 보이기도 하지요.

《느린 아이 어떻게 키워야 할까》를 쓰게 된 이유는 발달이 느린 아이를 둔 부모님과 함께 읽을 책을 만들고 싶어서였습니다. 내 아이의 발달이 느리다는 사실을 알게 되면 가장 먼저 당혹감에 휩싸일 수밖에 없습니다. 많은 분들이 내 아이의 상태를 받아들이기도 힘든데 당장 무엇을 어떻게 시작해야 할지 막막해하는 모습을 보았습니다. 그런 분들에게 이 책이 길잡이 역할을 하면 좋겠다고 생각했습니다. 가정에서 아이의 발달 상태를 어떻게 체크하는지, 어떤 병원과 발달 센터를 찾아가야 하는지, 치료에는 어떤 종류가 있고 어떤 식으로 진행되는지 안내할 수 있기를 바랐습니다. 여러분의 두렵고 힘든 시작을 동행하는 마음으로 한 글자 한 글자 적어 내려갔습니다.

이 책을 만드는 과정에서 많은 분의 도움을 받았습니다. 아이와 함께 성장할 수 있게 도와주신 부모님, 출간을 위해 애써 주신 클랩북스 대표님과 편집장님, 늘 힘이 되어 주고 응원해 주는 가족들에게 깊은 감사를 드립니다.

가장 안전한 놀이터의 관리자이자, 세상 모든 아이들의 첫 번째 놀이터 친구인 부모님을 응원합니다.

2024년 효선, 미미

목차

1장 | 아이의 발달, 정말 느린 걸까요?
느린 아이 이해하기

4장 | 치료의 출발선, 어떻게 시작할까요?
병원과 발달 센터 고르기

5장 | 아이의 그릇을 키우는 놀이 치료의 힘
놀이 치료

6장 | 더 많은 치료 프로그램에 대하여
기타 치료

부록 | 부모님이 궁금해하는 가정에서의 발달 촉진법 Q&A

아이의 발달, 정말 느린 걸까요?

느린 아이 이해하기

내 아이가 느린 아이라는 것을 알게 된 순간,
받아들일 수 없는 시간들이 찾아옵니다.
커다란 파도와 태풍이 휘몰아치는 시간입니다.
때로는 도망치고 싶은 마음도 생깁니다.
하지만 아이의 삶에서 가장 중요한 환경은 부모입니다.
너무도 무겁지만, 너무도 피하고 싶지만
아이가 나아가려고 할 때 이끌어 줄 수 있는 사람은 부모입니다.

내 아이의 버팀목은 부모입니다.

또래와 뭔가 다른
우리 아이

"선생님, 저희 아이 정상인가요?"

발달 센터에 있으면 제일 많이 듣는 질문입니다. 부모가 되면 '내 아이가 혹여 다른 아이와 다른 부분이 있을까?', '잘 자라고 있는 것이 맞을까?' 하며 아이를 관찰하게 되는 것 같아요. 다른 아이는 반응이 빠른데 우리 아이만 느린 것 같고, 다른 아이는 벌써 단어를 붙여서 이야기하는데 우리 아이는 어눌한 것 같습니다. 이런 생각이 들수록 부모의 불안은 커지게 되지요.

민수의 경우도 마찬가지였습니다. 민수는 새로운 장난감을 주면 바로 반응하지 않고 잠시 후에야 흥미를 보였어요. 무엇이든 느리게 반응했지만 호기심이 없거나 놀고 싶은 욕구가 없는 것은 아니었습니다. 사실 민수는 발달 지연이라기보다는 신중한 성향이 강해서 시간이 필요한 아이였지만 부모는 아이가 왜 그러는지 알지 못해 아이의 속도보다 빠르게 개입을 시작했습니다.

그러나 진짜 문제는 아이의 속도와 부모의 속도가 달랐다는 것이었어요. 상담사는 부모에게 목표를 정해 안내하고 어떤 행동을 해야 하는지 권유했습니다. 민수의 부모는 그때부터 민수만의 적응 속도가 있음을 알게 되었습니다. 민수는 타인의 행동을 먼저 관찰하고, 자신이 할 수 있다고 느낄 때 움직이며 즐거움을 느끼는 아이였어요. 그 후로 민수의 부모는 아이의 속도에 맞춰 움직이는 연습을 했습니다. 민수가 엄마 아빠 옆에 있고자 할 때는 가만히 기다려 주고 "네가 원하면 갈 수 있어"라고 안내했지요. 그리고 민수가 원하고 필요로 하는 도움을 주고자 노력했습니다.

내 아이의 발달
기다려 줘야 할까, 치료해야 할까?

"우리 아이는 왜 다른 아이처럼 발달이 되지 않나요?"
"다른 아이보다 우리 아이가 늦게 말하기 시작한 이유는 무엇인가요?"

"다른 아이들처럼 우리 아이도 빨리 걷게 하려면 어떻게 해야
하나요?"

아이들에게는 저마다 고유한 발달 속도가 있어요. 그렇기 때문
에 옆집 아이가 빨리 걷는다고 너무 초조해하거나 아이를 채근할
필요는 없습니다. 사실 또래보다 한두 달 늦는다고 해서 큰일이
나는 것이 아닌 경우도 많지요.

아이마다 발달 속도가 다른 이유를 딱 한 가지로 꼽을 수는 없
습니다. 원인은 복합적일 때가 많고 그 현상도 다양하게 나타나
거든요. 대표적 요인으로는 유전, 환경, 부모와의 상호 작용, 문
화, 아이의 건강 상태, 교육 등이 있습니다.

민수의 경우처럼 아이가 반응이 느릴 때 부모는 우리 아이가
왜 이렇게 느린지 궁금하고 혹여나 문제가 있을까 걱정하곤 합니
다. 사실 천천히 반응한다고 해서 반드시 문제가 있는 것은 아닙
니다. 중요한 것은 아이의 기질과 속도를 이해하고 내 아이에게
맞는 육아를 하는 것입니다. 반응이 느린 아이에게 필요한 것은
충분한 시간과 기다림입니다.

하지만 느린 것을 마냥 신중한 성향으로 볼 수 없는 경우도 있
습니다. 이럴 때는 내 아이가 정상적인 발달인지 정확히 체크해

야 합니다. 신체, 언어, 정서 등 여러 영역에서 아이의 발달이 많이 뒤처지는 것 같다면 병원이나 발달 센터에 방문해서 아이의 발달 상황을 확인해 보는 것이 좋습니다.

TIP. 내 아이 들여다보기

아이가 청각이나 시각을 포함한 감각 반응이 느리거나 언어적 소통에 어려움이 있다면 발달 지연을 의심해 볼 수 있어요. 눈맞춤이 잘 안 되거나, 불러도 잘 돌아보지 않거나, 사람에 관심이 없거나, 의미 있는 상호 작용을 어려워한다면 전문가의 도움을 받아 보는 것이 좋습니다.

발달이 느리다는 것이
대체 뭔가요?

발달이 느리다는 것은 아이의 언어적, 신체적, 인지적, 사회적 능력이 발달 단계보다 6개월 이상 지연된 형태로 나타나는 것을 말합니다. 아이가 또래보다 발달이 느린 원인은 너무도 많기에 한 가지를 콕 집을 수 없습니다. 그 대신 다양한 영역으로 나누어 봐야 해요. 발달은 언어, 인지, 사회성, 정서, 운동, 신체 발달로 나눌 수 있고 각 영역별로도 세분화됩니다. 예를 들어 언어 발달 영역은 '표현 언어'와 '언어 이해'로, 신체 발달 영역은 소근육과 대근육으로 나누어 볼 수 있어요.

지금부터 대표적인 발달 영역들에 대해 간단히 알아볼까요?

언어 영역

언어 영역은 앞서 이야기했듯이 '표현 언어 영역'과 '언어 이해 영역'으로 나뉘어요.

표현 언어란, 자신의 생각과 감정을 말로 표현하는 것을 뜻해요. 예를 들면 아이가 "엄마, 배고파요"라고 말하거나 "이건 노란색이에요"라고 설명하는 것이 표현 언어에 해당되지요.

언어 이해란, 다른 사람의 말을 듣고 이해하는 것을 말해요. 예를 들면 엄마가 "컵을 가져와"라고 말했을 때 아이가 컵을 가져오면 언어 이해 능력이 발달되었다고 합니다. 타인의 말을 이해하고 알아듣는지도 언어 영역에서 중요한 부분이지요.

"말을 늦게 시작할 것 같은데 괜찮을까요?"

만 2세가 되었는데도 단어를 사용하지 않거나 두 단어 조합으로 간단한 문장을 만들지 못한다면 전문가의 도움을 받으셔야 합니다. 언어는 아이가 다른 사람과 소통하고 관계를 형성하는 중요한 도구입니다. 말로 표현하고 싶은데 말하지 못하거나 잘 알아듣지 못하는 상황이면 아이는 짜증이 나고 답답하고 위축될 수 있어요. 또래 적응에 문제가 생기기도 하고 때로는 자신의 생각과 마음을 어떻게 표현해야 할지 몰라서 행동으로 나타낼 수도 있어요. 그렇기에 언어 발달이 지연될 때 조기에 개입하지 않으면 사회성, 정서, 인지 영역에 이르기까지 다양한 발달 문제를 초래할 수 있습니다.

신체 영역

신체 영역에는 대근육, 소근육, 신체 인식, 운동 조절, 감각 발달 등이 있어요. 아이가 몸을 사용하여 움직이는 모습을 관찰해 주세요. 이를테면 걷기, 뛰기, 한 발 들기, 공 던지기 등을 잘 할 수 있는지 보아야 합니다. 아이가 원하는 대로 몸을 움직일 수 있나요? 걷는 모양이 불안정한지, 척추가 똑바로 서 있는지, 자꾸만 드러눕지는 않는지, 특수한 공간(좁은 공간이나 높은 곳)에서 어떻게 움직여야 하는지에 대한 인식 능력이 있는지, 균형을 잘 잡는지 등을 확인해 보세요. 협응력과 민첩성도 살펴보면 좋습니다.

"신체 발달이 또래보다 느린데 이대로 괜찮을까요?"

아이는 연령에 따라 신체도 성장을 해야 합니다. 신체 발달이 지연되면 아이의 근력과 운동 기능이 저하되면서 일상생활에 어려움을 겪을 수 있어요. 또한 신체 발달 지연 역시 아이의 인지와 사회성에 부정적인 영향을 미칠 수 있습니다. 그러므로 정확한 평가와 진단 후 아이에게 맞는 운동과 놀이, 치료적 개입으로 신체 발달을 촉진해야 해요.

정서 및 사회적 관계 기술 영역

정서 발달이 느린 아이들은 자신의 감정을 인식하고 표현하고 조절하는 것뿐 아니라 타인이 느끼는 감정에도 둔감할 수 있어요. 그래서 사회적 의사소통을 어려워해요. 상황에 따른 분위기 파악이 늦거나 사회적 규칙에 대한 이해가 떨어질 수 있지요.

아이가 느끼는 감정이 표정으로 드러나는지, 얼굴 근육을 활용해 다양한 표정을 지을 수 있는지, 타인에게 관심이 있는지, 타인의 표정을 보고 상황을 유추할 수 있는지(예: 엄마가 무표정하거나 화나 있을 때 "엄마 화났어?" 하고 묻는 경우)를 살펴보아야 해요.

"아이가 지시에 반응하지 않고 혼자서만 놀려고 해요."

아이가 이름을 불러도 반응하기 않거나(호명 반응) 소리, 빛, 촉감 등에 지나치게 민감하거나 둔감하다면 아이의 발달 상태를 체크해 보는 것이 좋습니다. 특히 반복적인 행동을 지속하거나 고정된 패턴을 고집하고 흥분 상태에서 쉽게 진정하지 못한다면 전문가의 평가를 받아 보시는 걸 추천합니다.

인지 영역

인지 영역은 학습과도 연관이 깊은데요. 문제 해결 능력, 상황 파악 능력, 습득력, 기억력, 숫자 이해력 등이 지연되는지를 확인해야 합니다.

인지 발달이 느리다는 것은 아이가 다른 아이들보다 이해하는 데 시간이 더 걸릴 수 있음을 의미해요. 그래서 상황을 판단하고 문제 상황을 해결하는 데 어려움을 겪어요. 그리고 어제 배운 단어를 오늘 기억하지 못할 수 있죠. 퍼즐을 맞추거나 수학 문제를 풀 때처럼 학습 활동을 할 때도 더 많은 시간이 필요해요. 그러다 보니 하나의 활동을 하려고 해도 쉽게 산만해질 수 있지요.

다른 사람의 감정이나 의도를 잘 이해하지 못하기 때문에 친구가 오늘 나와 놀지 못하는 이유, 친구가 슬퍼하는 이유를 받아들이는 데 시간이 오래 걸리기도 해요. 실행 기능 면에서도 계획하고 조직하는 능력이 부족해서 프로젝트를 시작하고 완성하는 데 어려움을 겪을 수 있지요.

인지 영역에서의 발달 지연은 학습과 사회적 상호 작용에 큰 영향을 미쳐요. 학교에서 수업을 따라가거나 친구들과 어울리는 데 어려움을 겪을 수 있는 것이에요.

아이의 발달 탐정가가 되어 주세요. 그러려면 발달 과정과 각 발달 단계에서 수행해야 하는 과업을 알고 있어야겠지요. 발달에 대한 이해가 있어야 아이에게 발생하는 이상 징후를 빨리 알아차릴 수 있답니다. 이른 발견은 빠른 개입으로 이어져 아이에게 더 효과적인 치료를 제공할 수 있어요.

영유아 연령별
언어 발달&신체 발달 표

언어 발달 표

연령	기준	예시
0~3 개월	**울음은 나의 언어** • 울음으로 의사를 전달함 • 반응적으로 미소를 보임 • 익숙한 소리가 들리면 조용해짐	• 배가 고플 때, 기저귀가 젖었을 때 각기 다른 울음소리로 알림 • 부모의 얼굴을 보면 웃음
4~6 개월	**외계어와 만나요** • 옹알이(자음과 모음을 결합한 소리) • 웃음소리가 나타남 • 다른 사람이 웃으면 따라 웃음	• '마마', '바바'와 같은 소리를 내는 아이도 있음 • 재미있는 소리를 들으면 소리 내어 웃기도 함
7~9 개월	**흉내는 나의 힘** • 모방(흉내)이 시작되어 반복해서 소리를 냄 • 호명 반응을 보임 • 사람들 소리에 귀 기울임	• 부모가 내는 소리나 소리 나는 장난감을 흉내 냄 • 이름을 부르면 고개를 돌림
10~12 개월	**짝짝짝! 드디어 터진 첫마디** • 첫 단어를 말함 • 손짓으로 의사소통을 함 • 짧은 언어로 옹알이함	• '엄마', '아빠' 같은 간단한 단어를 말함 • "안녕" 할 때 손을 흔들거나 "주세요" 할 때 손을 내밂

1~2 세	신기한 문장의 세계 • 15개월, 3~5개 단어로 시작해 점차 20~50개 단어 사용 • 두 단어로 문장 만듦 • 노래를 부를 수 있음 • 18개월, 언어 폭발 시기	• '공', '강아지', '물' • "엄마 물 줘", "아빠 차" • "저게 뭐야?"라고 끊임없이 물어봄
2~3 세	말 만드는 피카소 • 200~300개 단어 사용 • 3~4개 단어로 간단한 문장 만듦 • 명사와 동사를 결합 • 지시를 이해할 수 있음	• '나비', '자동차', '친구' • "나는 사과 먹어요", "엄마랑 놀이터 가요"
3~4 세	작은 이야기꾼 • '나'와 대화해 주기를 원함 • 다양한 단어 사용 • 다른 사람이 이해할 수 있는 문장 을 완성도 있게 만듦 • 엉뚱하고 창의적인 표현	• "엄마, 나 어린이집 갈래!" • "강아지가 날아다녀요!"
4~5 세	수다쟁이 내레이터(일명 짹짹이) • 주고받기의 폭발기 • 4~5개 단어로 복잡한 문장 구성 • 간단한 이야기나 사건을 설명	• "아침에 우유를 먹었어요", "동물원 갈 거예요" • "유치원에서 친구랑 놀았어 요. 같이 그림도 그렸어요"
5~6 세	대화의 장인(일명 말하는 똑똑이) • 발음이 명확해짐 • 문법적으로 올바른 문장을 구성함	• "오늘은 정말 행복해요. 내일은 가족이랑 여행을 갈 거예요"
6~7 세	이야기의 연금술사 • 다양한 어휘를 사용하여 복잡한 문장을 만듦 • 이야기를 듣고 이해, 요약, 설명이 가능함	• "엄마 오늘 하룬이가 안 왔어 요. 감기에 걸렸대" • "아빠, 어린이집에서 동물원 으로 소풍 간대요. 거기에서 판다도 볼 거예요. 선생님이 물 가져오래요"

신체 발달 표

연령	기준
0~3 개월	• 주먹을 쥐었다 펴는 행동을 조심스럽게 할 수 있음 • 엎드린 자세에서 고개를 들어 올림 • 사회적 미소를 '싱긋' 지어 보임 • 다리를 곧게 펴기도 하고 발차기를 하며 놀기 시작함
4~6 개월	• 팔과 상체 힘이 강해지고 뒤집기를 시작함 • 손을 뻗어서 장난감을 잡고 입에 넣을 수 있음 • 도움을 받아서 앉을 수 있음 • 누워 있을 때 발을 손으로 붙잡아서 입으로 가져가기도 함 • 배와 등 근육이 강해져서 구를 수 있음
7~9 개월	• 쿠션으로 받쳐 주면 앉을 수 있고 혼자서 앉기도 함 • 배를 대고 기어다니며 한 손으로 물건을 쥘 수 있음 • 물건을 손에서 손으로 옮기고 던지거나 떨어뜨릴 수 있음 • 무릎을 구부려서 앉는 것을 배우기 시작함
10~12 개월	• 가구를 잡고 일어서거나 걸음마 연습을 하면서 한두 발자국 뗄 수 있음 • 문을 흔들어 보기도 함 • 엄지와 검지를 사용해 작은 물건을 집고 책장을 넘길 수 있음 • 크레파스를 쥐고 낙서할 수 있음 • 손뼉을 칠 수 있음
1~2 세	• 혼자서도 잘 걸을 수 있고 달리기를 시도함 • 사물을 가리킬 수 있음 • 혼자 숟가락을 사용할 수 있고 컵을 들고 물을 마시려고 함 • 블록을 쌓고 무너뜨릴 수 있음 • 도움을 받아서 계단을 올라갈 수 있음 • 공을 굴리고 던질 수 있음 • 단추가 없는 바지를 벗거나 모자를 벗을 수 있음 • 지퍼를 내릴 수 있음 • 책장을 정교하게 넘길 수 있음

2~3 세	• 흘리기도 하지만 도구를 이용해 스스로 음식을 먹음 • 변기를 사용하여 대소변을 볼 수 있음 • 자동차가 오면 피할 수 있음 • 한 발씩 계단을 오르내릴 수 있음 • 블록으로 탑을 쌓음 • 세발자전거를 탈 수 있음 • 연필을 쥘 수 있음 • 문고리를 돌릴 수 있음
3~4 세	• 대소변을 가림 • 두 발로 점프하고 몇 초간 한 발로 서기도 함 • 가위를 사용해 간단한 모양을 자를 수 있음 • 공을 주고받을 수 있음
4~5 세	• 혼자서 밥을 먹고 씻기를 시도함 • 부모의 지시에 따라 양치질을 할 수 있음 • 보조 바퀴가 있는 자전거를 탈 수 있음 • 큰 공을 발로 찰 수 있음 • 그네와 미끄럼틀을 탈 수 있음 • 스스로 옷을 입고 벗기를 시도함 • 발을 번갈아 가며 계단을 올라갈 수 있음
5~6 세	• 균형 잡기 활동이 가능함 • 달리기에 속도가 붙음 • 체육 활동에 참여할 수 있음 • 자전거를 타기 위해 다리 근력을 사용함
6~7 세	• 유치가 빠지고 영구치가 나기 시작함 • 달리기, 뛰어오르기, 던지기 등의 운동 능력이 더욱 향상됨 • 줄넘기, 스케이트 타기 등 복잡한 체육 활동을 할 수 있음 • 간단한 스포츠 규칙을 이해하고 참여 가능함 • 글씨를 쓸 수 있음

또래보다 조금 느린 게 문제가 되나요?

"어린이집 선생님이 아이가 또래보다 느리대요. 어린이집에서 활동하는 게 어렵다며 상담 센터에 가 보래요. 집에서는 이상이 없어 보여요. 선생님은 왜 그런 말을 하는 걸까요?"

"너무 당황스럽고 화도 나요. 우리 애가 이상하다고 보는 것 같아서요."

부모가 먼저 아이의 발달 속도나 특성이 정상 발달과 다름을 알아채기도 하지만 기관(어린이집, 유치원, 학원 등)의 권유로 상담 센터에 찾아오는 경우도 있어요. 부모의 입장에서는 '내 아이가 정상이 아니라는 건가?' 싶은 마음에 당혹감을 느낄 수도 있을 거예요.

그렇지만 아이가 속한 기관에서 병원이나 상담 센터를 가 보라고 권유한 이유는 아이의 현재 발달 상태를 정확하게 알고 싶어서일 거예요. 그래야 아이에게 도움을 줄 수 있으니까요. 기관에서는 내 아이의 특성과 활동을 또래 아이들과 비교해서 확인할 수 있기 때문에 집에서의 모습과 또 다른 아이의 모습을 발견할 수 있거든요.

"아이가 느린가?" 하는 생각은 대부분 언어 능력을 보고 시작되는데요. 언어 발달이 느리면 아이가 친구들과 놀고 대화하고 협력하는 과정에서 어려움을 겪기 때문입니다. 게다가 언어 능력은 읽기, 쓰기, 수학 등의 학업에도 영향을 미쳐요. 그래서 기관의 교사는 내 아이에게서 또래와 다른 점이 보이면 부모에게 즉시 이를 알리게 되지요.

그런데 아이의 언어 발달이 느리다는 것을 알아차린 뒤에도 간혹 부모 중 한 명이 이렇게 이야기하는 경우가 있어요.

"내가 어릴 때 말을 또래보다 늦게 시작했대. 그런데 지금은 말 잘하잖아."

이런 생각으로 아이의 평가를 차일피일 미루다 보면 치료의 골든타임을 놓치게 되는 경우가 많아요. 더 빠르게 개입했다면 아이의 발달을 촉진하는 데 도움이 되었을 텐데, 이런 경우는 참 안타깝지요.

내 아이의 발달,
조기 평가와 개입이 중요합니다

아이는 언어를 통해 소통하면서 문제를 해결하고 사고하는 능력을 기르게 됩니다. 또한 언어가 발달하면 아이들은 자기 조절력과 자기 통제력을 기르게 되는데요. 떼를 쓰고 통제가 안 되던 아이도 언어가 발달하면 행동과 감정을 조절할 수 있게 됩니다. 말로 자신의 생각이나 의견을 말할 수 있고 타인이 한 말의 의도를 알아차리기 때문이에요. 언어는 사회성 발달의 핵심이 되는 영역입니다. 그래서 많은 전문가와 부모들이 언어 치료를 중요하게 생각하는 것입니다.

기관에서는 또래와 비교하며 내 아이의 언어 능력을 살펴볼 수 있지만, 그 수준을 정확하게 평가할 수는 없어요. 지금 잠시 느린 것인지, 아니면 느린 기질을 가지고 태어난 것인지, 감각이 예민해서 발달이 느려진 것인지 등 아이마다 상태와 원인이 다르기에 명확한 원인을 알려면 전문가의 평가를 받아야 해요.

언어 발달의 지연은 다른 발달 지연의 징후가 되기도 하고 장애를 판별하여 빠르게 개입할 수 있는 중요한 단서가 되기도 합니다. 따라서 조기 평가와 개입이 중요해요. 이것이 아이의 발달 상황을 다양한 전문가에게 확인받아야 하는 이유입니다. 여기서 말하는 발달이란 언어 발달뿐 아니라 인지, 대·소근육 발달, 사회성 발달, 정서 발달 등이 모두 포함됩니다.

아이에 대한 평가가 빠르게 이루어지면 현재 아이에게 필요한 부분을 적절한 시기에 빠르게 지원할 수 있어요. 평가 후 단순히 언어 발달이 느리다는 결과가 나온다면 언어 치료를 통해 언어 표현력과 언어 이해력을 높이는 훈련을 하면 되니까요.

그리고 가정에서 아이의 발달을 향상시키기 위해 어떤 조치를 취해야 하는지도 배우게 되지요. 무엇보다 아이의 상태를 정확히 파악하게 되면 아이가 소속된 기관에서도 적절한 개입과 대처를 할 수 있게 됩니다.

아이가 어릴수록 기관에서 이런 제안을 했다면 오히려 다행일지도 모릅니다. 조기 평가가 이루어지면 아이의 발달에 영향을 주는 환경이 무엇인지, 환경을 어떻게 개선해 주어야 하는지 알 수 있어요. 이렇듯 기관의 평가 권유는 아이에게 필요한 환경을 만들어 줄 신호일 수 있습니다.

발달이 늦으면
생길 수 있는 문제들

발달이 늦으면 아이가 기관에 입학할 때 여러 가지 문제가 생길 수 있어요. 그 문제는 아이가 가지고 있는 기질, 환경 등 여러 가지 요인에 따라 달라지지만 대체적으로 겪는 어려움이 있답니다. 느린 아이가 겪을 수 있는 문제는 어떤 것들이 있을까요?

학교 공부를 따라잡기 어려울 수 있어요

아이가 또래보다 언어나 인지 발달이 늦으면 어린이집, 유치원, 학교에서 배우는 학습을 이해하고 따라가는 것에 어려움이 생겨요. 수업 내용을 이해할 수 없으니 집중력이 떨어지고 산만해지는 문제가 생기기도 하지요.

이런 경우는 아이에게 맞는 개별화된 학습과 치료가 필요합니다. 아이가 유치원이나 학교에 적응할 수 있도록 맞춤형 학습 계획을 세워 부족한 부분을 채워 주세요. 맞춤형 학습 계획이란, 아이가 좋아하는 주제와 연결한 활동을 통해 아이 수준에 맞는 공부 시간을 만들어 주는 것을 의미합니다. 그러기 위해서 학습 동기를 부여할 수 있도록 아이의 흥미를 먼저 찾아야 합니다.

너무 큰 목표는 아이에게 부담감과 버거움을 느끼게 할 수 있어요. 작은 목표를 설정하고 하나씩 이루게 도와주세요. 큰 과제는 작은 단계로 나눠서 성취를 자주 경험할 수 있도록 지지해 주세요. 예를 들어 구구단 2단을 배운다면 한 번에 2단을 다 외우는 것이 아니라 오늘은 2×3까지, 내일은 2×6까지 나누어서 학습 목표를 잡아요. 딱 봐도 쉬워 보일 수 있도록 말이지요. 하루에 조금씩 과제를 완료하면서 공부 습관을 기르는 것이 핵심입니다.

어려운 개념은 여러 번 반복해서 설명해 주세요. 한 번에 하나만 배우면 성공이라는 마음으로 점차 익숙해지도록 시범은 여러 번 보여 주는 것이 좋아요. 놓치지 말아야 할 부분이 있다면 아이가 부모에게 선생님이 되어 설명하는 '배운 걸 말해 봐' 시간을 활용해 보세요. 이러한 활동은 아이에게 자신감을 주고 이해력을 높이는 데 도움이 됩니다. 가능하면 다양한 학습 도구를 이용하여 아이의 여러 감각을 자극해 주세요.

마지막으로 작은 노력과 성취를 꼭 칭찬해 주세요. "너 정말 열심히 했구나!", "집중하고 있구나", "하나라도 더 풀어 보려고 노력했네"와 같은 인정의 말은 아이에게 큰 힘이 됩니다.

친구 관계로 속상한 일이 생길 수 있어요

발달이 느리다고 친구와 놀고 싶은 욕구가 낮은 것은 아니에요. 친구와 놀고 싶지만 어떻게 다가가야 할지 모를 뿐이지요. 예를 들어 친구와 인사는 잘하는데 깊은 대화를 나누거나 친구를 위로하는 일은 어려워할 수 있어요. 이는 고차원적인 기술에 속하기 때문이에요.

논리력과 사고력이 부족하면 아이는 친구 관계에서 속상한 일을 경험합니다. 그래서 아이에게 사회적 상호 작용의 기회를 일부러라도 많이 제공해야 합니다.

아이가 안전하고 친한 친구와 편안한 환경에서 어울릴 수 있게 해 주세요. 아이에게 익숙한 공간일수록 자신감은 커질 수 있어요. 2~4명 이내의 소그룹 활동에 참여시키는 것도 도움이 돼요. 소규모 환경일수록 아이는 부담을 덜 느끼고 친구들과 더 쉽게 어울릴 수 있습니다. 협동 놀이에 참여하며 아이가 친구들과 자연스럽게 어울릴 수 있는 기회를 만들어 주면 좋습니다.

대화의 기술을 가르치는 것도 필요합니다. 친구와 대화할 때 사용할 수 있는 간단한 표현과 질문을 가르쳐 주세요. 대화도 연습하다 보면 능숙해져서 아이에게 자신감이 붙습니다.

책을 읽으며 사회적 기술을 배울 수도 있어요. 등장인물이 어떤 생각을 가지고 있을지, 다음 장면에 어떤 일이 일어날지 예측하는 대화를 나눠 볼 수도 있지요. 또, 아이가 긍정적인 사회적 상호 작용을 보고 배울 수 있도록 부모가 모델이 되어 주세요. 이 외에도 개별 놀이 치료, 사회성 놀이 치료 그룹, 사회적 기술을

1:1로 연습하기 등 여러 발달 프로그램을 통해 아이의 사회성을 키울 수 있어요.

중요한 점은 아이가 친구와 잘 어울릴 때마다 어떤 부분을 잘했는지 구체적인 피드백과 칭찬을 해 주는 것이에요. 긍정적인 피드백은 아이가 작은 성취도 크게 느끼도록 만들어 준답니다.

자신감이 떨어질 수 있어요

아이들은 대체로 학교에서 공부도 잘하고 싶고 친구와 잘 어울리는 인기 있는 아이도 되고 싶어 합니다. 그러나 발달이 느리면 학습 내용을 이해하기 어렵고 친구와 대화를 지속하는 데에도 어려움이 있습니다.

이런 상황에 놓인 아이는 계속해서 실패와 좌절을 경험할 수 있어요. 잘하고 싶은데 잘할 수 없으니 답답함을 느끼고 자신감도 떨어질 수밖에요. 이렇게 떨어진 자신감은 매우 소극적이거나 매우 공격적인 태도를 불러일으키기도 합니다.

아이가 자신감을 가지고 새로운 일에 도전하려면 실패를 두려워하지 않는 경험들이 필요합니다. 실패는 배움의 과정임을 알려주고, 필요하다면 다시 한번 시도할 수 있도록 격려해 주세요. 아이가 스스로 무슨 감정을 느끼는지 짚어 주고 자신의 감정을 솔직하게 표현하는 방법을 알려 주세요. 그러기 위해서는 부모도 평소에 상황에 맞는 다양한 감정 단어를 언어로 표현해 주어야 합니다. 아이는 부모의 말과 행동을 보고 배우기 마련이니까요.

아이가 자신의 감정을 알고 표현하고 조절하는 모습을 보여 주었다면 아이를 지지하고 위로해 주세요. 아이와 꾸준히 대화하고 지속적인 관심을 보이면 아이도 안정감을 느끼고 실패를 두려워하지 않게 됩니다.

만약 아이가 적절하지 못한 언어와 행동을 표현한다면 그 부분을 아이에게 안내해 주세요. 필요하다면 심리 상담을 통해 아이의 정서를 안정화하는 것도 도움이 될 수 있습니다.

TIP. 내 아이 들여다보기

느린 아이에게 인지 학습보다 선행되어야 할 것은 '정서적 안정'입니다. 느린 아이는 보통 불안이 높기 때문에 안정된 환경과 격려가 필요합니다. 그렇기에 느린 아이와 상호 작용을 할 때는 인내심을 갖고 긍정적인 태도로 따뜻한 지지와 격려의 말을 건네는 것이 아이에게 큰 힘이 됩니다.

아이마다 발달 속도가 다른 이유가 궁금해요

"왜 아이마다 발달 속도가 다른가요?"
"우리 아이는 왜 표현을 잘하지 못할까요?"

상담 센터를 찾아오는 부모 중에는 아이마다 발달 속도가 다른 이유를 궁금해하는 분이 많습니다. 또래와 비교했을 때, 심지어 같은 형제와 비교하더라도 아이들은 각자 기질과 성향, 발달의 속도가 다르거든요.

지금부터 발달이 느린 아이를 키우는 세 가정의 사례를 살펴보 겠습니다.

"첫째보다 느린 둘째는 돌연변이?" 발달은 유전이 다가 아니에요

미진 씨는 두 자녀를 두고 있습니다. 첫째 아이는 11개월에 걷기 시작했고 첫 돌이 되기 전에 첫 단어를 말했습니다. 미진 씨는 첫 아이를 키울 때는 모든 것이 신기하고 행복했습니다. 아이와 잘 맞는다는 느낌을 받았지요.

그러나 둘째 아이는 조금 달랐습니다. 둘째는 밤낮으로 울었고 많은 부분이 첫째보다 느렸어요. 생후 20개월이 지나서야 걸음마(보통 18개월 이전에 뗌)를 했습니다. '맘마', '무(물)'와 같은 말을 하긴 했지만 말할 수 있는 단어가 몇 개 되지 않았고 20개월이 지나서야 알아들을 수 있는 말이 조금 늘기 시작했어요. 미진 씨는 이런 둘째의 발달이 걱정되어 상담 센터를 방문했습니다.

미진 씨는 둘째 아이를 키우면서 큰 우울감을 경험했다고 털어놓았습니다. 큰 아이는 특별히 뭔가를 해 주지 않아도 때가 되면 알아서 잘 자랐고, 뭔가를 지시하면 알아듣고 수행하는 속도도 빨랐다고 합니다. 어떤 옷을 입혀도 거부감이 없었고 밥도 잘 먹고 잠도 잘 잤다고요. 그래서 첫째 아이를 키울 땐 엄마로서 잘하고 있다는 느낌이 들었다고 해요.

그런 반면, 둘째 아이는 불편감을 잘 느끼는 아이였다고 합니다. 떼를 부리고 우는 시간도 길었습니다. 안아 주려고 해도 몸을 버팅기며 폭 안기지도 않아서 달래기가 쉽지 않았다고요. 울음을 터트리며 힘겨워하는 아이를 볼 때, 부모는 자신이 뭔가 할 수 있는 게 없다고 생각하면서 스트레스를 경험합니다. 아이가 왜 이러는지도 모르겠고 자신이 뭔가 잘못한 것 같다는 생각이 머릿속을 맴돌며 말이지요. 두 아이는 같은 엄마 아빠를 두었는데 왜 이렇게 다른 걸까요?

미진 씨의 둘째 아이가 발달이 늦어진 데에는 유전적 요인과 환경적 요인이 작용했다고 볼 수 있습니다. 유전적 요인은 가족의 발달사, 유전 병력, 신체적 특징을 살펴봄으로 파악할 수 있습니다. 상담을 진행하던 중 미진 씨는 자신의 남편도 느린 아이였다는 것을 알게 되었습니다. 남편 역시 둘째 아이처럼 걸음마와 말을 늦게 시작했으며 현재도 말이 많지 않고 반응이 느린 편에 속했어요. 그렇지만 둘째 아이가 까다로운 기질을 타고난 것도 무시할 수 없었습니다. 즉, 유전적 요인이 아이의 발달 문제를 100% 결정하지 않는 것입니다.

환경적 요인으로는 부모와 주고받는 상호 작용이 있습니다. '상호 작용'이라는 말에는 부모의 양육도 중요하지만 부모를 향한 아이의 반응도 중요하다는 의미가 담겼습니다. 아이의 반응은 부모에게 다양한 감정을 느끼게 해요. 이것은 부모의 효능감, 유능감에도 영향을 미칠 수 있어요. 부모도 아이로부터 애착을 형성합니다. 하지만 이러한 과정이 쉽지 않다면 부모 또한 양육 스트레스가 쌓이고 아이를 '어렵다'고 느끼게 됩니다.

미진 씨도 여러 요인들로 인해 양육 효능감과 유능감이 떨어지고 불안이 높아진 상태였어요. 자신이 뭔가 잘못하고 있다는 생각만 들었고 이런 일상의 반복으로 좌절감을 느끼며 둘째 아이에게 민감한 반응을 해 주지 못했지요. 그러다 보니 둘째 아이의 발달 속도는 더 느려질 수밖에 없었습니다.

"표현이 서툰 아이"
함께 교감하는 시간이 필요해요

4세 민철이는 또래에 비해 말이 늦고 사회적 상호 작용도 서툴렀습니다. 말 대신 행동이 앞서는 일이 많아서 짜증을 내고 공격적으로 행동하는 경우도 종종 있었지요. 심지어 친구들의 놀이를 방해하는 행동도 보였습니다. 어린이집 선생님의 권유로 민철이의 부모는 상담 센터에 방문했습니다.

"우리 집은 부부가 모두 바빠요. 아이에게 스마트폰을 너무 일찍 보여 준 것 같아서 늘 죄책감에 시달려요."

민철이의 부모님은 민철이가 6개월이 되고부터 맞벌이를 시작했다고 합니다. 민철이는 주로 어린이집에서 생활했어요. 일이 끝나면 지치고 힘들었던 부모님은 가족이 함께 있는 시간에 주로 TV나 스마트폰을 아이에게 보여 주었습니다. 산만했던 민철이가 화면을 볼 때면 잠시나마 조용히 집중하는 시간을 가졌기 때문이에요.

상담사는 매체를 통한 일방적인 소통과 사람과 직접 주고받는 상호 소통의 차이점을 설명하며 부모와 아이가 함께 노는 시간의 중요성을 강조했습니다. 민철이의 경우는 부모의 양육 스타일이 아이의 발달을 늦춘 주된 원인이었습니다. 같은 요인이라도 아이의 성향과 기질, 환경에 따라 어떤 아이에게는 발달에 영향을 덜 미치고 어떤 아이에게는 치명적인 영향을 주기도 하는데요. 민철이는 환경에 큰 영향을 받는 아이였습니다.

민철이의 부모님은 아이와의 상호 작용이 중요하다는 것을 알게 되었습니다. 그리하여 함께 놀이를 하면서 아이의 발달을 회복해 가는 시간을 갖기로 했습니다. 퇴근 후 짧게라도 아이와 소통하는 방법을 배우며 일상생활 틈틈이 함께 시간을 보내려고 노력했어요. 그때부터 민철이는 엄마 아빠에게 먼저 눈을 맞추고 함께 놀자는 신호를 보냈습니다. TV나 스마트폰보다 사람과 노는 게 더 즐겁다는 것을 알게 되었기 때문이에요.

어린이집에서의 모습도 달라졌습니다. 여전히 짜증을 내고 공격적인 행동을 보일 때도 있지만 전보다 횟수가 줄었습니다. 전과 달리 선생님의 지시에도 잘 따르는 모습을 보여 주었어요. 민철이의 부모님은 민철이가 친구들과 건강한 방식으로 소통할 수 있도록 지금도 노력하고 있어요.

"말이 느린 아이"
가정의 언어 환경을 점검해요

5살 우진이는 언어 발달 속도가 느려서 상담 센터를 찾았습니다. 우진이는 두 단어 정도로만 말을 했습니다. 타인의 말을 알아듣기는 했지만 표현이 서툴러 매우 위축되고 불안해 보였습니다.

우진이는 외국인 엄마와 한국인 아빠 사이에서 태어났습니다. 우진이의 아빠가 한국어를 사용했고 유치원에서도 주로 한국어를 사용했지만 오랜 시간을 함께 보내는 엄마는 주로 엄마 나라의 언어를 사용했습니다. 하지만 우진이가 한국어를 잘 배우지 못하게 될까 봐 그마저도 짧게 사용했다고 합니다.

우진이는 엄마로부터 엄마 나라의 놀이와 음식을 배웠고 아빠로부터 한국의 놀이와 문화를 배웠습니다. 그런데 우진이는 헷갈렸어요. 어느 나라 말을 해야 할지, 두 언어의 연결고리는 무엇인지 말이지요. 이로 인해 우진이는 또래에 비해 언어 발달이 지연되었고 종종 위축된 모습을 보였습니다.

이중 언어를 사용하는 환경은 모국어를 확실하게 습득한다면 아이에게 긍정적인 면이 많습니다. 언어 인지 능력, 어휘력, 기억력 향상에 도움이 되고 다양한 문화를 받아들이며 존중할 수 있게 되거든요. 하지만 아이의 기질과 환경에 따라 오히려 혼란을 가져오기도 합니다. 우진이는 느린 기질의 아이였기에 새로운 환경에 적응하는 데 오랜 시간이 필요했어요. 그런데 우진이의 엄마가 아이를 위해 말을 아낀 것이 오히려 상호 작용을 줄이는 원인이 되어 언어 발달을 늦추는 요인이 되었습니다.

상담사는 우진이의 엄마에게 모국어를 자유롭게 쓰기를 권했어요. 대신 한 문장을 짧게 말하고, 표정과 언어를 일치시키며 자주 소통하라고 했지요. 그리고 비슷한 상황이 반복될 때면 같은 단어와 문장을 사용해서 설명하기를 권했어요.

온 가족이 함께 놀이를 하며 소통하는 법도 배우도록 했어요. 엄마 나라의 놀이를 함께하고 그것과 비슷한 한국의 놀이를 찾아 함께해 볼 수 있도록 말이지요. 우진이는 부모와 함께 노는 시간을 즐거워했고 엄마의 표정을 따라 하기 시작했습니다. 엄마가 어떤 표정을 지을 때마다 그에 맞는 단어를 말해 준 덕분에, 우진이는 한국어뿐만 아니라 엄마의 모국어도 익힐 수 있게 되었어요. 무엇보다 이제 우진이는 선생님의 지시를 알아듣고 규칙도 잘 지킬 수 있게 되었답니다. 유치원에서 우진이는 전보다 많이 웃고 밝아졌어요.

영화 〈라이언〉에는 인도에서 태어나 호주로 입양된 소년 '사루'가 등장합니다. 사루는 인도에서 가족들과 함께 신체 활동과 사회적 상호 작용을 경험하며 자랍니다. 인도에서의 성장 경험은 사루의 발달에 긍정적인 영향을 주었습니다. 그러나 호주로 입양되고부터 사루는 새로운 문화에 적응해야 하는 어려움을 경험합니다. 인도와 호주의 문화 차이가 사루의 자아 정체감과 성장에 중요한 영향을 미치게 된 것이지요.

이처럼 다문화 가정에서 자란 아이들은 두 가지 이상의 문화를 경험하는데, 이는 아이의 발달에 다양한 영향을 미칩니다. 긍정적으로는 문화 다양성을 경험하고 문제 해결 능력을 향상시킬 수 있는 반면, 문화적 차이와 이중 언어로 혼란을 겪을 수도 있습니다. 그러므로 아이의 균형 잡힌 발달을 위해서 다각도의 지원과 경험이 중요합니다.

아이의 발달 속도는 유전적 요인과 환경적 요인에 따라 상이하게 나타납니다. 이중 언어 환경은 언어 발달에 혼란을 줄 수 있지만 주 양육자가 일관된 언어를 사용한다면 두 가지 언어를 습득하는 데 도움을 줄 수 있습니다.

아이의 발달을 확인하는 12가지 질문

"아이가 말을 잘 하지 못해요."

"아이가 또래 친구들과 잘 어울리지 않네요."

"아이가 이름을 불러도 관심을 안 보여요. 자신이 좋아하는 놀이만 하고요."

 현장에서 상담을 하다 보면 반복적으로 듣는 질문들입니다. 가정에서 아이의 발달을 확인하고 싶다면 다음 12가지 질문을 확인해 보세요. 이것은 발달 검사에서 핵심이 되는 질문들을 모아 놓은 것입니다. 이 중 한 영역이라도 또래와 6개월 이상 차이가 난다면 전문 기관에서 검사를 받아 보는 것이 좋습니다.

1. 우리 아이가 눈맞춤은 잘 되나요?

눈맞춤은 아이가 타인에게 관심을 보이는 신호입니다. 말하지 않아도 감정을 알 수 있는 신호이기 때문에 아이의 사회적 상호 작용과 성장에 중요한 요소이지요. 눈맞춤을 통해 아이는 자신의 감정과 의도를 전달하고 타인의 정보를 받아들일 수 있습니다. 눈맞춤이 원활한 아이는 모방 능력을 습득해 나의 의도를 전달하고 다른 사람의 의도를 잘 파악하는 아이로 자랄 수 있습니다.

눈맞춤은 생후 4주 무렵부터 나타나고 의사소통을 목적으로 한 눈맞춤은 6개월 무렵에 발달합니다. 눈맞춤은 상대를 뚫어져라 보기만 하는 것이 아니라 비언어적 의사소통으로 나타나는지가 중요해요. 상호 작용을 하려는 의도가 있는지, 지나치게 가까이 있지는 않는지, 의미 없이 사람을 오래 쳐다보는지 등 눈맞춤의 질을 확인해 주세요.

2. 이름을 부르면 잘 돌아보나요?

아이가 무엇에 집중하고 있을 때 아이의 이름을 불러 보세요. 아이가 정상적인 주의 집중력과 언어 이해 능력을 가지고 있으면 자신을 부르는 신호를 알아듣고 소리가 나는 쪽을 돌아볼 것입니다. 이것을 '호명 반응'이라고 합니다. 만약 생후 8~12개월인데 아이의 이름을 불러도 전혀 쳐다보지 않는다면 전문가를 찾아가야 합니다. 발달 장애가 있는 아이들은 자신의 이름을 부르면 잘 돌아보지 않는 경우가 있습니다. 그러므로 호명 반응은 아이의 발달 문제를 알아볼 수 있는 중요한 징후입니다.

호명 반응이 중요한 또 하나의 이유는 다른 사람에게 자발적으로 주의를 기울이고 다른 사람이 보내는 신호를 알아차려야 사회적 행동을 배울 수 있기 때문입니다.

그렇지만 아이에게 호명 반응이 없다고 해서 무조건 발달 문제가 있는 것은 아니니 먼저 청각에 이상이 없는지부터 확인해 주세요. 청각에 이상이 없다면 다른 신체 기능도 확인하세요. 그 후에 발달 전문가를 찾아가길 권합니다.

3. 놀이를 하면서 보이는 상호 작용은 원활한가요?

아이가 놀이를 할 때 보이는 상호 작용은 사회적 기술 능력과 관련이 있습니다. 상호 작용이 원활한 아이는 놀이 안에서 주고받는 소통의 흐름이 자연스러워요. 자신의 행동이 타인에게 어떠한 영향을 줄지 예상할 수 있지요. 그러나 놀이의 상호 작용이 원활하지 않은 아이는 한 가지 놀이나 행동을 반복하거나 그다음 행동으로 넘어가는 데 어려움을 보입니다.

블록 놀이를 예로 들어 볼게요. 상호 작용이 원활한 아이는 필요한 블록을 요구하거나 모양을 교환할 수 있고 상대방이 블록으로 무엇을 만들었는지 지켜보며 따라 만들 수도 있어요. 또는 블록을 이용하여 역할 놀이를 할 수도 있고, 힘을 합쳐 성을 만들거나 신호에 맞춰 부술 수도 있습니다. 그러나 상호 작용이 원활하지 않은 아이는 타인이 만들고 있는 블록을 말없이 가져가거나 부수고 자신의 것만 쌓아요. 다른 방식의 블록놀이를 제안하면 못 받아들이기도 해요. 한 가지 블록을 계속 넣었다가 빼는 행동을 반복하거나 놀이의 의도와 상관없는 행동을 무의미하게 지속하는 모습을 보이기도 합니다.

4. 혼자만 노나요?

놀이터에 가도 친구에게 관심이 없고 혼자 놀이기구만 탄다든지 옆에 있는 친구를 못 본 것처럼 행동하나요? 또래 아이가 있는 곳은 안 가려고 하나요? 아이가 혼자 있는 것이 더 편해 보이고 지나치게 혼자만의 놀이에 몰두한다면 사회적 상호 작용이 부족한 것은 아닌지 확인할 필요가 있습니다.

5. 다른 사람을 흉내 내나요?

인간은 다른 사람에게 호기심을 가지고 모방하며 발달합니다. 모방이 중요한 이유는 원인과 결과를 연결 짓고 세상을 배우고 이해하면서 관찰력, 사회적 기술, 신체 활용 능력, 인지 능력 등을 습득하기 때문이지요.

전화를 받거나 주방에서 설거지하는 부모의 모습을 아이가 따라 하는지 살펴 주세요. 또, 아이에게 중요한 타인이 웃을 때 함께 웃는지도 살펴보아야 합니다. 지금 당장 따라 하지 않더라도 시간이 지난 뒤에 따라 하는 '지연 모방'이 나타나기도 해요. 지연 모방도 중요한 발달 지표이기 때문에 나타나는지 꼭 확인해 주어야 합니다.

모방이 직접적으로 따라 하며 배우는 사회적 도구라면, 사회적 참조Social Referencing는 자신이 모방을 했을 때 행동이 괜찮은지 안 괜찮은지를 판단하는 도구입니다. 영유아는 주변 성인, 특히 양육자의 반응을 보고 자신의 행동이나 감정을 조절합니다. 아이는 이러한 사회적 참조를 통해 타인의 행동을 자신에게 대입하고 연습하며 학습해 나가지요. 그런데 주변 사람에게 관심이 없으면 모방을 통한 학습뿐 아니라 사회적 참조도 이루어지지 않아 발달의 속도가 늦춰질 수 있습니다.

6. 말하기, 듣기 수준이 또래와 비슷한가요?

말하기, 듣기, 질문에 적절히 대답하며 소통하는 능력은 언어 발달을 평가하는 데 중요한 부분입니다. 말하기는 '표현 언어', 듣기는 '언어 이해', 질문에 적절히 대답하며 소통하는 것은 '사회적 의사소통'이라고 해요.

기본적으로 제일 먼저 언어 이해 능력이 발달되어야 해요. 아이가 엄마의 간단한 지시를 알아듣고 행동하거나 따라 말하는지 관찰해 주세요. 아이가 12개월이 되어서도 음성으로 소리를 내지 않거나 의미 있는 몸짓과 가리킴을 보이지 않는다면, 아이가 24개월이 되어서도 두 단어 조합으로 말을 하지 않는다면 아이의 언어 발달을 체크해 보는 것을 권장합니다. 특히 만화 영화 속 대사를 의미 없이 반복하거나 광고에서 들은 소리를 상황에 관련 없이 반복하는 반향어(다른 사람의 소리를 의미 없이 반복하는 것)를 보인다면 발달 검사를 진행해야 합니다.

7. 자신이 필요할 때만 부모를 찾나요?

아이는 부모와 끊임없이 상호 작용을 하며 세상을 살아가는 방식을 배우고 성장합니다. 하지만 아이가 자신이 필요한 상황에만 부모를 찾거나 부모를 마치 병을 딸 때 필요한 병따개같이 생각하는 것 같다면 아이와의 상호 작용을 점검해 볼 필요가 있습니다. 이러한 경우를 두고 '도구적 의사소통'을 한다고 말합니다.

사람은 도움이 필요하면 이름을 부르고 눈을 맞추며 도움을 요청합니다. "엄마, 자동차 꺼내 주세요"라고 말이지요. 그런데 아이가 도움이 필요할 때 부모의 눈을 보고 요구하는 것이 아니라,

부모의 손을 잡아 끌어서 자신이 필요한 부분만 해결되면 바로 부모를 떠나 혼자 노는 경우가 있습니다. 이러한 도구적 의사소통은 아이의 의사소통 기술이 발달하지 못한 것은 아닌지, 아이가 상호 작용의 제한점을 갖고 있는 것은 아닌지, 또 다른 발달 문제가 있지는 않은지를 의심할 수 있는 신호가 됩니다. 아이가 단순히 요구를 하는지, 아니면 친밀하고 교감이 있는 상호 작용을 할 수 있고 그러한 상호 작용을 원하는지 살펴 주세요.

8. 소근육, 대근육의 사용이 또래와 비슷한가요?

운동 능력과 신체 조절 능력은 발달에 중요한 요소입니다. 아이가 발달 수준에 맞게 소근육과 대근육을 사용할 수 있는지 관찰해 주세요. 소근육은 무엇인가를 잡아서 그릇에 옮길 수 있는지, 색연필을 제대로 잡을 수 있는지, 가위질을 할 수 있는지, 포크와 숟가락 사용이 가능한지, 연령 수준에 맞는 그림을 그릴 수 있는지를 확인합니다. 대근육은 문 열고 닫기, 물건 옮기기, 걷기, 뛰기, 제자리 점프, 한 발로 균형 잡기, 잡고 오르기, 발로 공차기, 자전거 타기, 킥보드 타기 등이 가능한지 확인해 주세요.

소근육, 대근육의 발달은 내 몸 사용법과 관련이 있어요. 몸의 중심이 바로잡혀야 자유롭게 주변을 탐색할 수 있고 내 몸을 제대로 활용할 줄 알아야 내가 원하는 방식으로 움직일 수 있어요.

이것은 자율성과도 연결이 됩니다. 내 몸을 내 마음대로 움직일 수 있을 때 세상에 나아갈 힘과 자신감이 생기니까요.

9. 주의 집중력의 지속 시간은 적절한가요?

주의 집중력은 학습에 영향을 미치는 중요한 부분입니다. 아이가 한 가지 활동에 얼마나 집중할 수 있나요? 아이가 집중하지 못하는 데에는 심리적 긴장, 생리학적 긴장, 신체의 둔감화, 감각 처리의 어려움, 제한된 생각과 행동 등 다양한 원인이 있습니다. 우선 우리 아이의 주의 집중력 시간을 관찰해 주세요.

연령별 주의 집중 시간

연령	집중 시간
12~24개월 (1~2세)	약 2~5분
24~36개월 (2~3세)	약 5~8분
3~4세	약 8~10분
4~5세	약 10~15분
5~6세	약 15~20분
6~7세	약 20~25분
7~8세	약 25~30분

10. 아이의 관심사가 지나치게 제한적인가요?

아이가 새로운 놀이나 장난감을 과하게 거부하거나, 보고도 무심하게 반응하는지 살펴보세요. 아이가 자신의 세계에 갇혀서 자신이 관심 있는 것만 이야기하는 경우도 포함됩니다. 지나치게 제한적인 관심은 아이가 새로운 것을 경험하고 도전하는 데 어려움이 있다는 뜻입니다. 특정 놀이(자동차 줄 세우기, 숫자 놀이)나 장난감에만 지나치게 집착해 전환이 잘 안 된다면 학습과 사회성 발달이 지연될 수 있으니 부모의 면밀한 관찰이 필요합니다.

11. 아이가 속상한 상황에서 쉽게 진정되지 않나요?

아이는 화가 나거나 속상하면 울며 소리를 지르기도 합니다. 떼를 부리는 것도 의사소통의 하나입니다. 이것은 아이가 스스로 진정하기 어렵다는 것을 의미하며, 아이가 그 상황을 받아들이는 과정으로도 볼 수 있습니다.

보통은 부모가 달래 주고 안아 주면 대부분 진정이 됩니다. 이러한 과정을 통해 위로의 경험이 축적되면 아이는 스스로 진정하는 연습을 하게 되고, 이 연습이 감정 조절의 초석이 됩니다. 감정 조절 능력은 사회성 및 정서 발달의 필수 요소입니다. 아이의 감정 조절 능력을 연령별로 살펴볼까요?

24개월 미만일 때는 부모의 위로와 따뜻한 신체 접촉이 아이를 진정시키는 절대적인 방법이 됩니다.

24개월 이상이 되면 아이는 간단한 언어와 표정을 사용하여 속상한 마음을 표현합니다. 떼 부리기가 본격적으로 나타나지요. 이 시기에는 부모의 언어적 보살핌을 통해 부정적 감정을 달래기도 합니다.

36개월부터 자신의 감정을 조절하려는 시도가 시작됩니다. 화가 나면 울기도 하지만 다른 놀잇감으로 관심을 돌려 보기도 하고 즐거운 활동을 찾아 나서기도 합니다. 또 이때부터 슬슬 아이와 협상이 가능해지기 시작합니다.

48개월이 되면 아이는 감정 조절 기술을 익히면서 부모에게 자신의 감정을 언어로 표현하고 상황을 따질 수 있게 됩니다. 현실적이지 않지만 자신의 논리대로 대안을 제시하기도 합니다.

5세가 되면 속상한 상황을 표현하는 것뿐만 아니라 문제를 해결해 보려고 시도합니다. 자신의 감정을 조절하는 데 성취감을 느끼기도 하지요.

6세 이상이 되면 복잡하고 미묘한 감정을 인식하고 이를 부모나 친구와 나눌 수 있습니다. 타인과의 상호 작용을 통해 문제를 해결해 가며 진정할 수 있게 됩니다.

아이가 부정적인 감정을 표출할 땐 아이의 감정을 말로 설명해 주세요. 그리고 각 발달 단계에 따라 감정 조절 능력이 미흡하거나 쉽게 진정되지 않는다면 자기 조절 능력이 부족한 것은 아닌지, 부모의 양육 태도가 너무 허용적인 것은 아닌지, 또 다른 신경학적 요인이 있지는 않은지 살펴봐야 합니다.

12. 인지 발달 수준은 또래와 비슷한가요?

아이의 인지 발달은 상황을 판단하고 대처하는 데 중요한 역할을 합니다. 일상에 잘 적응하고 또래 친구들과 쉽게 어울릴 때뿐만 아니라 학습할 때도 필요하지요.

놀이는 인지 발달과 깊은 연관이 있습니다. 놀이가 다양한 영역의 인지 능력과 문제 해결 능력을 향상시키지요. 아이의 놀이는 '탐색 놀이-감각 놀이-조작 놀이-상징 놀이-상상 놀이-역할 놀이' 순서로 발달합니다. 우리 아이가 또래에 비해 너무 단순하거나 전형적이지 않은 놀이를 하고 있다면 발달 수준을 체크해 볼 필요가 있습니다. 놀잇감으로 놀이를 하기보다는 그 자체에 지나치게 탐색하거나(자동차 바퀴 만지기, 버튼 누르기) 빛이나 반복적인 움직임에만 관심을 보이지는 않나요?

다음의 연령별 놀이 수준 표를 보며 아이의 인지 수준을 가늠해 보세요.

연령별 놀이 수준 표

연령	놀이 수준	설명
12~18 개월	간단한 역할 놀이	아이가 스스로 옷을 입는 등 스스로 할 수 있는 일을 시도해요. 수저나 컵 같은 실제 물건을 사용하기도 해요.
	감각 놀이	물놀이를 통해 물의 흐름을 관찰하고, 모래를 만지며 감각을 탐색하며 세상을 탐구해 나가요.
	생명체나 무생물을 이용한 놀이	동물 인형을 사용하여 간단한 역할 놀이를 할 수 있어요. 타인의 활동을 모방해요.
18~24 개월	실제와 비슷한 상황을 상상하는 놀이	인형이 칫솔질하는 것처럼 상황을 연출하고 연필을 수저처럼 사용하는 등 대체물을 활용해요.
24~36 개월	기능 놀이	놀이를 통해 기능과 원리를 배우고 익혀요. 장난감 자동차를 굴리며 바퀴의 원리를 익히고, 블록을 높이 쌓았다가 무너뜨리며 높이를 가늠해요.
	추상적인 상상 놀이	인형을 목욕시키고 머리를 빗으로 빗기며 침대에 눕혀요. 인형을 돌보며 복잡한 상황을 상상해요.
36개월 (3세)	상상 놀이 증가 및 다양한 상황 놀이	아이가 사람 인형을 사용하여 집, 유치원에서의 상황을 상상하여 놀아요.
36~48 개월 (3~4세)	계획적 역할 놀이 및 협력 놀이	아이의 상상력이 더 발휘되어 직접 역할 놀이를 계획하고 스토리를 만들어요. 인형에 부모의 역할을 부여하여 가족 이야기를 만들기도 해요. 다른 아이들과 병원 놀이를 할 때 한 아이는 의사, 한 아이는 간호사를 맡으며 역할을 분배해요.
42개월 (3.5세)	다양한 역할 상호 작용 놀이	인형에 공주, 영웅 등 다양한 역할을 부여해요. 캐릭터들 간의 상호 작용 놀이를 즐겨요. 이때 부모는 놀이 확장을 도와줄 수 있어요.

60개월 (5세)	복잡한 역할 놀이의 정교화 및 상상 놀이	여러 인형에 다양한 역할을 부여해요(요리사, 레스토랑 주인, 손님). 해적 놀이를 통해 괴물을 무찌르는 상상을 하며 다양한 스토리를 만들며 상상 놀이를 해요. 블록으로 멋진 집을 짓기도 하고 점토로 조형물을 만드는 등 복잡한 구성물을 만들기도 해요.
72개월 (6세)	상상 놀이와 역할 놀이의 확장	하나의 대상이 여러 역할을 담당할 때 목소리를 변조하거나 행동을 달리하여 연기할 수 있어요. 이전 단계보다 복잡하고 정교한 역할 놀이를 해요.
	규칙이 있는 게임	게임의 규칙을 이해할 수 있으며 게임을 통해 집단 규칙을 배우고 전략을 세울 수 있는 능력이 향상돼요.

TIP. 내 아이 들여다보기

아이의 발달을 확인하는 12가지 질문은 아이의 사회적, 정서적, 인지적 발달을 점검하는 데 유용해요. 이를 통해 집에서 먼저 아이의 발달 상태를 파악하고 필요 시 전문가의 도움을 받을 수 있습니다.

느린 아이에게
가장 필요한 것

유미 씨는 3살 된 아들 호수의 엄마입니다. 발달 센터에 찾아온 유미 씨의 걱정스러운 눈빛과 지친 표정에서 두려움이 보였습니다. 호수가 또래에 비해 말도 잘 못하고 걷는 것도 서툴렀기 때문입니다. 저는 걱정하는 유미 씨에게 이렇게 말했습니다.

"아이마다 발달 속도는 다를 수 있어요. 중요한 건 호수에게 맞는 적절한 도움을 주는 거예요."

호수는 병원에서 평가를 진행했고 다양한 프로그램과 치료에도 참여했습니다. 호수는 분명히 자기만의 속도로 자라고 있었어요.

꾸준히 치료를 받은 호수는 어느 날부터 단어로 말을 하기 시작했고 대근육과 소근육의 움직임도 전보다 정교해졌습니다. 우리는 호수의 눈부신 발전이 정말 뿌듯했습니다.

하지만 호수가 개인적으로 많은 성장을 이루었음에도 유미 씨는 때때로 다른 아이들과 호수를 비교하게 되었습니다. 하루는 유미 씨가 놀이터에서 호수 또래의 아이들이 친구들과 함께 뛰어 노는 모습을 보며 깊은 한숨을 내쉬었습니다.

"선생님, 호수는 정말 많이 발전했어요. 그런데 다른 아이들과 비교하면 여전히 느린 것 같아요. 그게 너무 속상해요."

유미 씨는 눈물을 글썽이며 말했습니다. 그 마음이 이해되지 않는 것이 아니라 저는 유미 씨의 손을 잡고 위로했습니다. 그리고 이 말을 덧붙였어요.

"유미 씨, 호수는 정말 많은 성장을 했어요. 모든 아이는 각자의 속도로 발달하고 있답니다. 호수도 분명히 자신의 방식대로 성장하고 있어요. 그러니까 우리도 다른 아이들과 비교하는 대신 호수의 성취를 축하해 주면 어떨까요?"

아이를
믿고 기다려 주세요

발달이 느린 아이도 결국은 자랍니다. 지금도 호수는 자기만의 속도와 방식대로 성장하고 있습니다. 아이들이 각자의 속도대로 발달할 때 제일 필요한 것은 부모와 주변 사람들의 신뢰와 지지입니다.

옆에서 다그친다고 아이가 더 속도를 내지는 않습니다. 아이가 느리게 배운다고 부모가 먼저 좌절하거나 강하게 끌고 가려 한다면 아이는 자신감과 자존감에 타격을 입을지도 몰라요.

아이가 도전을 할 때마다 격려해 주세요. 아이가 말이 더디게 나올 때면 "말하려고 하는구나. 천천히 말해도 돼"라고 말해 준 뒤 기다려 주세요. 또 작더라도 성취를 할 때마다 "네가 해냈어. 너에게는 해내는 힘이 있구나"라고 칭찬을 해 주면 아이는 용기를 갖고 새로운 도전을 할 수 있게 됩니다.

"아빠, 엄마 나를 기다려 주세요.
내가 느리지만 배우고 있다는 것을
인정하고 기다려 주실 때
저는 안전감을 느껴요."

아이에게 안전하고
친숙한 사람이 되어 주세요

친숙한 대상과 안전한 환경에서 함께하는 경험은 아이의 전반적인 발달에 매우 큰 도움이 됩니다. 부모는 아이에게 다양한 경험을 제공하는 환경입니다. 아이와의 자연스러운 일상이 놀이가 될 수 있습니다. 산책을 하며 아이에게 들려주는 이야기가 학습이 될 수도 있지요.

너무 어렵고 복잡한 놀이보다는 몸 놀이, 책 읽어 주기, 역할 놀이 등 간단하면서 아이가 즐겁게 놀 수 있는 자극을 주세요. 여기서 포인트는 즐거움의 공유입니다. 타인과의 즐거운 상호 작용을 경험한 아이는 세상이 안전한 곳이라는 인식을 갖고 유대감을 느낍니다.

또한 놀이 과정에서 내 몸 사용법, 부모가 어린 자녀와 놀기 위해 힘을 조절하는 방법, 돌발 상황을 해결해 나가는 방법 등 새로운 것들을 배우고 상상력과 창의력을 발휘하기도 하지요.

"부모님과 함께 노는 시간이 정말 좋아요.
안전하고 친숙한 사람과 함께하는 놀이에서는
편안하게 도전하고 배울 수 있어요."

아이가 예측할 수 있게
도와주세요

느리게 발달하는 아이는 불안이 높고 예민한 경우가 많습니다. 새로운 상황에서 스트레스를 많이 받기 때문에 두려움과 혼란스러움을 표현할 수 있어요.

불안이 높은 아이에게는 예측할 수 있는 환경이 중요해요. 가능하면 일정한 루틴을 만들어 주세요. 일정한 시간에 잠자리에 들고 충분한 수면을 취한 뒤 비슷한 시간에 일어날 수 있도록 말이지요. 식사 시간이 일정한 것도 중요합니다. 배가 고프면 예민해지기 쉽기 때문에 아이가 에너지 넘치고 기분 좋은 상태를 유지해 주는 것이 도움이 됩니다.

특히 외출 시간이 불규칙적이면 아이가 짜증이 많아져 힘겨루기를 할 수 있어요. 엄마는 마음이 급한데 아이는 나가지 않겠다고 버티거나 본인이 원하는 길로만 가겠다고 고집을 부리는 경우처럼 말이지요.

외출 시간이 일정하면 새로운 것을 도전하는 일이 점점 쉬워집니다. 갑작스러운 외출이나 일과가 생길 땐 아이에게 가능한 빨리 예고해 주세요. "오늘은 현우가 병원에 가는 날이야. 유치원에 다녀와서 바로 병원에 갈 거야"라고 미리 알려 준다면 처음에는 거부할 수 있으나 점차 받아들이는 속도가 단축될 거예요. 이처럼 규칙적인 일상은 아이에게 미래를 예측 가능하게 하여 준비할 시간을 주고 안정감을 경험하게 합니다.

> "저는 규칙적인 일상을 좋아해요.
> 같은 시간에 자고 일어나고 외출하는 것이 좋아요.
> 어떤 상황이 일어날지 예측할 수 있다면 제 마음이 편해요."

TIP. 내 아이 들여다보기

같은 치료를 해도 어떤 아이는 금방 효과가 나타나지만 어떤 아이는 시간이 더 필요합니다. 아이의 성향, 인지 수준, 양육 환경 등 다양한 요소가 발달에 영향을 주기 때문입니다. 나아가 의료적 요인도 중요해요. 아이에게 특정한 건강 문제가 있다면 반드시 의료진의 도움을 받으면서 체크하고 치료해 주세요.

2장

느린 아이,
어떻게
키워야 할까요?

느린 아이 육아법

"가능한 것을 하라.

그리고 그다음에 가능한 것을 하라.

그러면 어느새 불가능한 것을 하게 될 것이다."

아시시의 성 프란치스코 Francis of Assisi

지금 하고 있는 작은 노력이 쌓여 변화를 일으킵니다.

각자의 속도가 다를 뿐,

내 아이의 잠재력이 어디까지일지는 모르는 일입니다.

대답만 잘하는 아이,
눈높이를 맞춰 말해 주세요

느린 아이의 소통

혜영 씨는 4살 된 딸 소민이를 키우고 있습니다. 소민이는 여느 4살 아이처럼 말도 잘하고 사람도 좋아하며 제법 소통도 잘하는 아이입니다. 묻는 질문에 척척 대답도 잘하기 때문에 어른들의 귀여움을 받고 있지요. 또, 소민이는 자신만의 언어로 표현하는 것을 좋아하여 주변 사람들에게 웃음을 주기도 했습니다. 혜영 씨는 이런 소민이가 너무 사랑스러웠습니다.

하지만 소민이는 가끔씩 말을 잘 이해하지 못하는 것처럼 행동했습니다. 예를 들어 "소민아, 물티슈를 쓰레기통에 버려 줘"라고 부탁하면 소민이는 "네"라고 대답한 뒤 물티슈를 화장실로 가지고 들어갑니다. 혜영 씨는 소민이가 제대로 못 들었을 거라 생각하고 다시 한번 부탁했습니다. "소민아, 물티슈를 쓰레기통에 버려 줄래?" 소민이는 다시 "네, 엄마!"라고 대답했지만 이번에도 물티슈를 화장실로 가져갔습니다.

혜영 씨는 아이가 말을 잘하는 것과 타인의 지시를 이해하고 행동을 수행하는 것이 다르다는 것을 깨달았습니다.

대답은 척척!
심부름은 엉뚱?

상담을 하다 보면 아이의 발달 수준보다 높은 수준의 단어를 구사하거나 긴 문장으로 이야기하는 부모님들이 있습니다. 보통 아이가 연령에 비해 말을 잘할 때 벌어지는 일이지요. 그런데 아이가 말을 잘하는 것과 타인의 말을 잘 이해하는 것은 다릅니다. 표현 능력과 상황을 이해하고 지시를 따르는 능력은 다르기 때문이에요. 그래서 아이가 부모의 말을 잘 이해하고 있는지 확인하는 작업이 필요합니다.

먼저 엄마가 "로션 가져와"라고 했을 때 실제로 로션을 가져오는지 살펴보세요. 지시 난이도를 높이거나 같은 의미의 말을 다른 방식으로 질문했을 때도 아이가 상황을 이해하는지 확인해 봅니다. "로션은 어디 있을까?", "로션을 엄마 말고 아빠한테 갖다 줘"라고 했을 때 지시를 잘 수행하지 못한다면 아이의 이해력이 아직 그 수준에 미치지 못한다는 뜻입니다.

아이가 말을 어느 정도 이해하고 있는지 확인하는 일은 무척 중요합니다. 왜냐하면 부모가 아이 수준에 맞는 적절한 지시를 해야 아이가 그 지시에 따를 수 있고, 그래야 칭찬과 인정을 받을 수 있기 때문입니다. 지시에 따른다는 것은 그만큼 아이에게 배울 기회가 많아진다는 것을 의미합니다. 유아에서 독립적인 어린 이로 나아가는 과정이지요. 게다가 이해력은 사회적 의사소통 능력과도 큰 연관이 있습니다.

그렇다면 아이와 대화할 때 아이의 이해력을 높일 수 있는 방법은 무엇일까요?

1. 제대로 못 들었는지 확인하세요

아이가 제대로 못 들었을 수도 있어요. 다시 한번 말해 주세요. 아이의 주의를 끌기 위해서 차분하고 명확하게 이야기해 주시면 좋습니다.

2. 가능한 한 짧고 간단하게 이야기해 주세요

중요한 내용은 차분하고 친밀한 태도로 여러 번 반복해서 말해 주세요. 만 24개월 된 아이라면 한 문장에 2~3가지 단어를 넣어서 이야기해 주세요.

"예원아, 놀이터 가자."
"우리 마트 가자."

만 36개월 된 아이라면 한 문장에 3~4가지 단어를 넣어서 짧게 이야기해 주세요.

"우리는 지금 밖에 나갈 거야."
"아빠랑 밥 많이 먹자."

3. 복잡한 지시는 나눠서 내려 주세요

만약 아이에게 "소민아, 로션을 찾아서 식탁에 올려놔 줄래?"라는 말을 해야 한다면 지시를 나눠서 한 가지씩 천천히 말해 주세요. "소민아 로션을 가져와"라고 먼저 말하고, 아이가 로션을 가져오면 "이제 로션을 식탁에 올려놔 줄래?"라고 차근차근 순차적으로 요청해 주세요. 이렇게 복잡한 지시를 나눠서 내려 주면 아이가 상황을 더 잘 이해할 수 있어요.

4. 아이가 할 일을 직접 보여 주고 따라 하게 해요

언어와 행동이 일치하면 아이들은 더 빨리 이해합니다. 아이가 무엇을 해야 하는지 직접 보여 주세요. 로션을 가져와서 테이블 위에 올리는 것을 보여 주고 아이가 똑같이 따라 하도록 유도할 수 있어요. 이때는 놀이처럼 즐거운 분위기를 만드는 것이 좋아요. 아이가 행동을 잘 따라 했을 때는 곧바로 열정적인 박수와 구체적인 칭찬과 같은 긍정적 피드백을 주는 것이 중요합니다.

5. 아이가 해낼 수 있도록 힌트를 주세요

아이가 행동을 잘못 수행했을 땐 다시 설명하고 연습할 기회를 주세요. 그리고 아이가 해낼 수 있는 힌트를 주세요. 예를 들어 아이가 로션을 못 찾는 상황에서 "로션이 엉덩이 옆에 있나?"라고 말하며 고개를 좌우로 돌리는 행동을 보여 주세요.

TIP. 내 아이 들여다보기

아이의 이해력을 높이고 싶다면 지시의 난이도를 점차 높여 보세요. 직접 시범을 보이면서 알려 주면 이해가 쏙쏙 될 거예요. 아이가 어려워할 땐 여러 번 반복해서 가르쳐 주고 아이가 잘했을 땐 반드시 칭찬해 주세요.

작은 반응에도 민감한 아이, 감각을 체크해요

느린 아이의 감각

수나는 돌 전까지는 반응을 잘하는 아이였어요. 엄마와 눈도 잘 맞추고 까꿍 놀이를 할 때마다 까르르 소리를 내며 웃었지요. 7개월쯤 되자 수나는 "엄마"를 부르기 시작했어요. 그 순간 수나의 부모님은 정말 행복했어요. 수나가 성장하는 모습을 지켜보며 부모님의 마음은 설렘으로 가득했지요.

하지만 시간이 지나면서 걱정이 생기기 시작했습니다. 수나가 두 발을 딛고 걷기를 시도할 때 무서움을 많이 느끼는 것 같았거든요. 게다가 로션을 포함하여 몸에 뭔가가 묻는 것을 극도로 싫어했어요. 처음엔 부모님도 그저 수나가 예민하고 겁이 많은 아이라고 생각하며 대수롭지 않게 여겼어요.

돌이 지나면서 수나는 혼자 놀기 시작했어요. 부모님은 수나가 혼자서도 잘 논다고 생각했어요. 책을 펴고 집중하는 모습을 보며 '책을 좋아하는구나'라고 생각했죠. 수나가 혼자 잘 놀아서 그 시간에 부모님도 각자의 일을 할 수 있었고요.

어느 날 수나의 엄마가 수나를 불렀어요. "수나야, 여기 봐!" 하지만 수나는 대답도 하지 않고 쳐다보지도 않았어요. 게다가 수나는 '엄마'와 '맘마' 말고는 단어도 늘지 않았어요. 이상하다고 느낀 엄마는 불안한 마음에 인터넷을 찾아보고 주변 사람들에게 조언을 구했어요. 아직 아이가 어리니까 조금 더 기다려 보라는 말을 듣기도 했지만 불안한 마음은 가시지 않았지요. 결국 부모님은 수나를 데리고 전문가에게 찾아갔습니다. 수나는 그곳에서 여러 가지 검사를 받을 수 있었고 수나가 감각이 무척 예민하여 발달이 느려졌다는 사실이 밝혀졌지요.

너무 예민하거나 너무 둔감한 아이, 감각 통합을 확인해요

감각은 아이가 세상을 인식하고 배우는 기본적인 도구입니다. 예민한 감각을 가진 아이는 주변의 자극을 더 강하게 받아들입니다. 영유아 시기에는 특히 감각적 특성이 어떠한지, 감각 통합이 잘 이루어지는지를 확인해야 해요. 왜냐하면 감각이 제대로 기능해야 주변의 각종 신호를 알아차릴 수 있기 때문입니다.

주변에서 일어나는 일에 민감하게 반응하는 아이, 이와 반대로 반응해야 할 때 반응이 없는 둔한 아이는 감각 통합에 어려움을 겪고 있을 수도 있어요.

"감각이면 감각이지 감각 통합은 무슨 말인가요?"

감각 통합이라는 말이 익숙하지 않을 텐데요. 감각은 다른 감각과 통합하여 처리된다는 것을 알아야 합니다. 감각의 통합 과정이 있기 때문에 집중해야 할 자극에만 주의를 기울이거나, 모든 자극을 한꺼번에 받아들일 수 있는 것이지요. 이러한 고도의 감각 처리 시스템은 뇌에 의해 조절됩니다. 사람마다 자극을 처리하는 속도, 느끼는 강도, 수용하는 능력이 다르기 때문에 같은 환경이라도 편안함이나 불편함을 느끼는 정도가 다릅니다.

쉽게 말해서 감각 통합은 우리 뇌가 오감(시각, 청각, 촉각, 미각, 후각) 정보를 바탕으로 적절하게 행동하도록 돕는 과정이에요. 흔히 '감각'이라고 하면 이 '오감'을 말합니다. 물론 우리의 몸은 훨씬 복잡해서 오감만으로 감각을 설명할 수도, 감각 통합을 설명할 수도 없지만 이 책에서는 이해를 돕기 위해 감각 통합의 범위를 오감과 내부 수용, 전정 기능 등 좁은 범위로 설명하겠습니다.

우리 아이들은 일상생활에서 여러 가지 감각을 동시에 경험합니다. 예를 들어 학교에서 수업을 들을 때 선생님의 목소리를 듣고(청각), 칠판을 보고(시각), 책에 손을 대고(촉각) 있습니다. 이런 감각들이 우리 뇌에서 통합적으로 처리되어야만 아이가 선생님의 설명을 이해하고 동시에 필기도 하면서 수업에 집중할 수 있는 거예요.

그런데 만약 감각적 이상이 생겨 한 가지 감각이 지나치게 민감하거나 둔감해진다면 어떨까요? 일상의 소음이 무척 시끄럽게 들리고 책의 촉감이 너무나 거슬려서 수업에 집중할 에너지를 불편한 감각을 견디고 조절하는 데 사용하게 됩니다. 그러면 정작 집중해야 하는 활동은 놓치고 목표에 도달하는 데 오랜 시간이 걸릴 수밖에 없습니다.

또 다른 예를 들어 볼까요? 물체가 움직이고 변하는 것이 하나하나 다 보일 만큼 아주 뛰어난 시각 능력을 가졌다고 생각해 볼게요. 사람의 표정, 눈빛, 눈썹의 움직임, 색깔 등 시야에 닿는 모든 움직임이 다 선명하게 보이면 어떨까요? 남들보다 더 넓게 보고, 물건을 잘 찾고, 색을 잘 구별할 줄 알면 좋은 점도 있겠지요. 하지만 보기 싫은 자극도 다 보이고 하나부터 열까지 다 신경 쓰여서 한 가지에 집중하지 못하게 될 거예요. 그러다 보면 눈에 피로감이 빠르게 쌓여서 신체가 긴장되고 자극을 더 과하게 받아들이거나 제대로 인식하지 못하게 될 수 있어요. 각각의 감각 정보를 효과적으로 결합하고 모방하는 데 어려움을 겪게 되지요. 아직 발달 중인 아이의 시각이 이렇게 예민하다면 어떨까요? 단순히 시각이 예민한 것을 넘어, 이 시각이 다른 감각과 적절히 통합되지 않으니 세상을 바라보는 시선도 새로운 것을 받아들이는 태도도 달라질 것입니다. 그러면 결국 발달에 문제가 생기겠지요.

이처럼 감각은 언어와 신체 발달부터 환경을 받아들이는 능력, 인지 발달과 조절 능력, 정서 발달에까지 영향을 미칩니다.

어릴수록 체크해요
감각의 나비효과

감각 통합이 잘 이루어지지 않으면 일상생활에 지장을 초래하게 됩니다. 특히나 영유아의 경우 감각을 통해 일상생활의 기술을 습득하는데, 습득하는 시간보다 불편한 감각을 처리하는 시간이 더 길어지면 그 시기의 발달 과업을 수행하지 못하게 됩니다. 때로는 감각 정보를 왜곡해서 처리할 수도 있지요.

우선 내 아이에게 예민하거나 둔감한 감각이 있는지 확인해야 해요. 그 영역은 청각, 시각, 미각, 후각, 촉각부터 온도 감각, 통증 감각, 신체 활용 능력, 압력 감각까지 포함됩니다. 이 중에서 아이에게 예민하거나 둔한 감각이 있나요?

감각이 과도하게 예민하면 '감각 과민성', 둔하거나 무감각하면 '감각 저감'이라고 말해요. '감각 과민성'은 일상의 자극에 과민하게 반응하는 상태를 말해요. 소리, 빛, 터치 등에 예민하게 반응할 수 있지요. '감각 저감'은 감각이 둔하거나 무감각한 상태를 의미해요. 자극이 잘 느껴지지 않다 보니 통증이 있어도 모르고 강한 자극을 추구하기도 합니다.

'자극 선택 어려움'을 가지는 아이도 있어요. 자극 선택 어려움이란, 어떤 자극에 주의를 기울일지 선택하는 데 어려움을 겪는 상태를 말해요. 주의를 적절하게 기울이지 못하면 상호 작용과 학습에 어려움을 겪을 수 있습니다.

감각의 예민함과 둔감함은 영유아의 일상생활과 발달에 복잡한 영향을 미칩니다. 감각이 예민한 아이는 외부 자극에 쉽게 압도되어 불편함을 느끼고 집중력이 떨어질 수 있어요. 이는 새로운 환경에 적응하는 데 걸림돌이 됩니다. 반대로 감각이 둔한 아이는 더 강한 자극을 얻기 위해 행동하면서 '산만하다', '에너지가 많다', '집중력이 짧다'라고 오해를 받기도 해요. 게다가 중요한 자극을 놓치게 될 확률이 높지요.

감각적 특성은 감각을 통합하는 데 영향을 미쳐요. 눈으로 보고, 손으로 그리고, 물건을 사용하고, 몸을 움직이는 일은 다양한 감각들이 서로 협력해야 할 수 있는 작업들입니다. 감각끼리 협력해야 운동 능력이 발달하고 다양한 활동을 수행할 수 있어요. 따라서 감각 문제는 단순히 예민하고 둔한 특성을 가지고 있다는 것에 그치지 않고 더 큰 나비효과가 되어 돌아올 수 있어 세심한 관찰이 필요합니다.

TIP. 내 아이 들여다보기

감각 발달은 협주곡과 같습니다. 예민한 감각은 섬세한 음으로, 둔감한 감각은 강력한 음으로 표현할 수 있지요. 이 두 가지가 조화를 이룰 때 아이의 발달은 마치 오케스트라 연주처럼 아름답고 풍부하게 이루어집니다.

예민해서 느린 아이와
태어날 때부터 느린 아이

사람은 자극을 선택적으로 받아들일 수 있어요. 필요 없는 자극은 억제할 수 있지요. 하지만 감각이 예민한 아이는 다릅니다. 작은 자극도 견디기 힘들어서 눈을 감거나 손으로 귀를 막는 행동을 보일 수 있고, 혹은 주의가 산만해져 과한 행동을 보이거나 패닉 상태가 되기도 합니다. 심한 경우, 구토나 어지럼증을 경험할 수도 있어요. 타고나게 감각이 예민한 아이는 이러한 감각을 처리하느라 발달이 느려지기도 합니다.

발달과 감각은 서로 영향을 줍니다. 발달이 느리면 감각 처리와 감각 통합에 어려움이 생길 수 있고 이것은 다시 발달에 악영향을 미칠 수 있지요.

그렇다면 감각이 예민해서 발달이 느린 아이와 태어날 때부터 발달이 느린 아이는 어떻게 구분할 수 있을까요?

감각이 예민해서
발달이 느린 아이

1. 오감에 유독 민감해요

소리, 빛, 촉감 등 외부 자극에 민감하게 반응하는 아이가 있습니다. 이런 아이에게는 민감한 감각을 피하는 것이 먼저이기 때문에 경험하고 도전하는 것을 어려워합니다. 그래서 익숙한 것만 접하려는 경향성이 있어요.

예를 들어 촉감에 지나치게 민감한 아이는 옷을 입거나 특정 물건을 잡을 때 강한 거부 반응을 보입니다. 이러다 보면 옷, 신발, 양말, 이불, 로션 등을 쉽게 바꾸지 못하지요. 심한 경우에는 학습을 할 수 없는 상태가 되기도 해요.

신체적으로는 소근육과 대근육 발달에도 영향을 미칠 수 있어요. 이러다 보니 적응력을 기르기가 쉽지 않아 결국 발달에까지 영향을 미치게 되지요. 뭔가를 배우는 데 시간이 너무 오래 걸려 주변 사람들이 기다리다 지치기도 해요.

새로운 자극을 접하면 계속 질문을 하는 경우도 있습니다. 이는 아이가 자신이 알고 있는 것과 달라 납득하기 어렵지만, 결국 받아들이는 과정으로도 볼 수 있습니다.

다음은 아이의 감각이 예민한지 알아볼 수 있는 질문들이에요.

- 다른 사람이 듣지 못하고 보지 못하는 것을 아이는 민감하게 느끼나요?
- 여러 사람이 있을 때 유독 당황하거나 산만해지나요?
- 시각과 청각을 동시에 사용하는 것을 어려워하나요?
- 특정 자극에 두려움이나 불안을 느끼나요?
- 새로운 장소, 사람을 접하면 평소와 다른 모습이 되나요?
- 새로운 옷, 신발을 거부하고 익숙한 것만 착용하려고 하나요?
- 하나의 자극을 다른 자극과 잘 구분하지 못하나요?
- 주변의 자극에 너무 빠르게 반응하는 것 같나요?
- 한 가지 활동에 집중하다가도 주변의 변화나 자극에 쉽게 반응하나요?

2. 불안이 높아요

아이가 누구나 무서워할 만한 동물, 괴물을 무서워하는 것은 문제가 되지 않습니다. 그러나 다른 친구들은 쉽게 시도하는 행동마저 두려워하는 아이가 있어요. 새로운 감각, 새로운 사람, 새로운 공간에 불안을 느끼는 경우입니다.

예를 들어 흔들리는 놀이기구를 지나치게 무서워한다거나 키즈 카페에 사람이 많아지면 안절부절못하며 울음을 터트린다거나 하는 일들이지요. 불안이 높은 아이는 외출을 할 때면 울면서 집으로 돌아가자고 떼를 쓰기도 하고, 엄마 옆에만 꼭 붙어 있기도 합니다. 얼어붙은 듯한 움직임, 지나치게 움츠러든 모습, 부자연스러운 행동, 손가락을 빨거나 옷이나 입술을 자꾸 만지는 등 아이만의 불안 신호가 나타나기도 합니다.

3. 적응하는 데 오랜 시간이 걸려요

젖병에서 빨대 컵으로 바꿔야 할 때, 기저귀를 떼고 변기에 처음 앉아야 할 때 등 다음 발달 단계로 넘어가야 할 순간에도 감각이 예민한 아이는 오랜 시간이 걸립니다. 새로운 변화가 아이에게 큰 스트레스로 다가오기 때문이에요. 이처럼 감각이 예민하면 불안이 높아지기 때문에 새로운 과업을 받아들이기가 쉽지 않습니다.

4. 단, 인지 기능은 정상적으로 태어나요

감각이 예민한 아이가 집중력이 떨어지는 원인은 인지 발달 기능과 관련이 없는 경우가 많아요. 정상적인 인지 기능을 가지고 태어났지만 외부 자극에 쉽게 압도되는 탓에 감각 과부하를 경험해 집중력과 참여도가 떨어지는 것이지요.

중요한 점은, 이러한 감각 과부하로 주변을 충분히 탐색하지 못해 발달에 대한 경험치가 부족해지면 정말로 인지 발달에 부정적인 영향을 줄 수 있다는 것이에요. 따라서 아이의 감각적 예민함이 얼마큼인지 알고, 이를 잘 다루어 발달에 지장이 없도록 도와주어야 합니다.

태어날 때부터 발달이 느린 아이

1. 신경학적인 요인으로 전반적인 영역의 발달이 느려요

태어날 때부터 발달이 느린 아이들은 신경학적인 영향으로 뇌 발달이 전반적으로 느릴 수 있어요. 그래서 한 가지 영역이 아니라 언어 능력, 운동 능력, 인지 능력, 상황 판단력, 사회성 등 전반적인 영역에서 느린 모습을 보입니다. 뒤집기, 앉기, 기기, 서기 등의 신체 활동이 또래보다 늦게 나타날 수 있고요. 미세 운동 기능이 저하되거나 걷기가 지연될 수도 있지요. 특히 낮은 인지 능력과 언어 능력은 또다시 전반적인 발달 지연의 원인이 되기도 합니다. 이는 아이의 사회성에도 영향을 줄 수 있어요.

2. 의료적 원인을 가지고 태어나기도 해요

태어날 때부터 심장에 문제가 있어서 여러 차례 수술을 받는 아이가 있습니다. 이 아이는 또래보다 신체 활동이 제한적일 수밖에 없고 이것이 신체 발달 속도에 영향을 미칩니다. 이처럼 출생부터 몸에 문제가 있거나 만성 질환이 있는 경우가 있습니다. 아이의 발달이 느리다면 감각뿐 아니라 의료적 원인을 먼저 확인해야 합니다.

3. 한 가지 감각에 집착하거나 감각을 잘 못 느껴요

태어날 때부터 발달이 느린 아이들은 보통 한 가지 감각에만 집착하는 모습을 보여요(예: 자동차 바퀴, 선풍기 팬, 하수구 구멍 등). 또, 아기였을 때 잘 울지 않고 혼자서 멀뚱멀뚱 천장만 보고 있거나 혼자서 놀기도 해요.

감각을 잘 못 느끼면 배고픔과 통증도 잘 느끼지 못해서 밥 먹을 시간이 지나도 밥을 달라고 하지 않고, 주사를 맞거나 넘어져도 잘 울지 않지요. 주변을 잘 살피지 못하기 때문에 다치기가 쉬워서 각별한 케어가 필요할 수 있습니다.

예민한 아이는 소리와 빛의 파도에 휩싸인 듯 주변의 자극에 힘들어하며 고군분투합니다. 반면 둔감한 아이는 통증과 배고픔의 신호조차 놓치곤 합니다. 두 경우 모두 감각적 조화를 이루기 위해 세심한 지원이 중요합니다.

감각이 예민한 아이를 위한
12가지 지침

다음은 감각이 예민한 아이를 양육할 때 기억해야 할 12가지 지침입니다. 이를 참고하여 예민한 아이가 더 편안하게 생활할 수 있도록 도와주세요. 아이의 감각 특성을 이해하고 지지해 주는 것이 중요합니다.

1. 안전하고 편안한 환경 조성하기

아이와 함께 활동할 땐 시끄럽지 않고 외부 자극이 적은 공간이 좋아요. 아이가 자주 가는 방에는 은은한 불빛이 나는 조명을 두고 소음을 막아 주는 두꺼운 커튼을 달아 주세요.

아이에게 예측 가능한 환경을 제공하여 안정감을 주세요. 매일 같은 시간에 놀이를 진행하고 놀이가 끝나면 정리하는 시간을 갖는 등 규칙을 정해 주면 더욱 좋습니다.

2. 복측 미주 신경 활성화하기

아이가 편안함을 느끼면 미주 신경이 활성화됩니다. 그러면 정서적 안정감을 주는 데 도움이 됩니다. 차분한 음악과 부드러운 담요를 제공하여 안락함을 느끼게 해 주세요. 아이와 대화할 땐 눈을 맞추고 따뜻한 목소리 톤을 사용해 주세요. 활동 중 아이의 눈을 바라보며 미소 짓거나 "정말 잘하고 있구나. 너무 멋져!"라고 칭찬해 주세요.

3. 4가지 발달 포인트 활용하여 놀기

- 인지 발달: 현실과 가상의 물건을 조작하거나 조직화하는 놀이를 해요. (예: 블록 쌓기, 퍼즐 놀이, 기찻길 조립, 책으로 계단 만들기)

- 사회성 발달: 혼자 혹은 여럿이 물체나 아이디어를 갖고 관계를 맺는 놀이를 해요. (예: 친구를 집으로 초대하기, 놀이터나 키즈 카페 친구들과 놀기, 역할 놀이, 인형 놀이)

- 정서 발달: 긍정적이거나 고통스러운 감정을 탐색하고 표현할 수 있는 놀이를 해요. (예: 오늘 하루 있었던 일 그림으로 그리기, 인형을 통해 나의 감정 표현하기, 감정 날씨판 만들기, 감정의 강도 숫자로 표현하기)

- 언어 발달: 책이나 영화를 보고 대화하며 놀이를 해요. (예: 동화책을 읽고 자신만의 이야기 만들기, 책에서 기억나는 장면 말하기, 주인공의 감정 이야기하기)

4. 감각 자극 제공하기

오감을 자극할 수 있는 장난감으로 아이와 놀아 주세요. 클레이처럼 질감이 있거나, 향기가 나거나, 색상이 화려한 물건을 활용하면 아이의 감각을 자극할 수 있어요. 꼭 장난감을 사지 않아도 엄마가 자주 마시는 커피나 다함께 먹는 과일의 향을 맡게 해 주는 것도 좋아요.

아이가 새로운 감각을 거부한다면 부모님이 놀이하고 탐색하는 모습을 지켜보게 해 주세요. 아이에게는 거부할 권리가 있습니다. 아이의 의사를 존중하면서 점진적으로 자극에 노출시켜 간접적으로 경험하게 해 주세요. 장소는 집의 거실이나 식탁처럼 아이에게 익숙한 곳이 좋아요.

5. 아이의 주도권 존중하기

아이가 놀이를 주도하여 자율성을 느끼게 해 주세요. 아이가 하고 싶은 놀이를 선택하도록 하고 부모는 아이를 따라가면서 놀이에 참여합니다. 이때 약간은 과장된 리액션을 보여 주면 좋아요. 예를 들어 "우와! 정말 잘했어!"라고 크게 이야기하면서 손뼉을 쳐 주세요. 그러면 아이는 부모의 감정을 더 쉽게 인지할 수 있습니다.

6. 아이의 감정 짚어 주기

아이가 느끼는 감정을 말로 짚어 주면 아이가 자신의 정서를 인식하는 데 도움이 됩니다. 예를 들어 속상해 보이는 아이에게 "우리 ○○이가 슬퍼 보이네. 무슨 일 있었니?"라고 물어봐 주세요.

7. 감각 추구 행동 관리하기

아이가 입에 무언가를 넣고 싶어 하는 경우, 위생상 제한이 필요하다면 일관적인 반응을 보여 주세요. 이때 눈으로 보고 손으로 만질 수 있는 대안을 제공해 주시면 좋습니다. 아이가 입에 무언가 넣으려 하면 부드러운 공이나 천을 주면서 "이 장난감을 만져 보자. 대신 입으로는 안 돼"라고 설명해 주세요. 혹은 간식을 주세요. 아이가 추구하는 감각적 욕구를 안전한 방식으로 채워 주는 대안이 좋아요.

아이가 특정한 자극에 예민하다면 이를 조절하고 차단하는 도구를 활용해요. 예를 들어 청각이 예민한 아이와 외출할 땐 귀마개를 준비하고 눈 감는 것을 싫어하는 아이에게는 눈을 보호하는 안경을 쓰게 하거나, 목욕할 때 물안경을 쓰도록 해요.

8. 안정감과 신뢰감 쌓기

부모와 함께 놀이하는 시간을 통해 아이가 안정감을 느끼게 해 주세요. 매일 저녁 가족과 함께 놀이 시간을 정하고 즐기도록 해요. 아이가 도움을 요청할 때마다 "물론이지. 내가 도와줄게"라고 말하며 일관된 반응을 보이면 신뢰감이 쌓여요.

9. 다른 감각도 살피기

아이가 예민하게 반응하는 감각이 있나요? 눈에 띄는 감각뿐만 아니라 다른 감각도 예민한지 살펴보며 발달의 불균형이 나타나지 않게 해 주세요.

10. 변화를 미리 알려 주기

하루의 일과에 평소와 다른 이벤트가 있을 때, 일상에 변화가 생겼을 때, 새로운 장소에 가게 되었을 때 아이에게 이를 미리 알려 마음의 준비를 할 수 있도록 해 주세요.

변화에 민감한 아이가 짜증을 내거나 불편해하는 것은 그 변화를 받아들이기 위한 과정이에요. 적절한 알림 타이밍을 찾으세요. 최소 일주일 전에는 이야기해야 아이가 받아들이는지, 하루

전이면 충분한지 말이지요.

11. 아이가 불안해할 땐 말보다 행동으로 대처하기

아이가 패닉 상태가 되면 양육자는 당황하게 됩니다. 이럴 땐 되도록 말을 많이 하지 마시고 아이와 눈을 맞추고 귀를 막아 주세요. 손을 잡아 주거나 꼭 안아 주는 것도 좋습니다. 그리고 안전한 장소로 이동해 아이의 불안을 진정시켜 주세요. 장소가 마땅하지 않다면 아이 옆에 같이 서 있어 주어도 좋아요. 아이가 진정될 때까지 묵묵히 기다려 주세요. 부모가 말을 많이 하면 오히려 아이의 감각이 더 자극될 수 있습니다. 대신 아이가 좋아하는 장난감이나 부드러운 천을 쥐여 주어도 좋습니다.

12. 외부 자극 함께 공유하기

아이가 무언가를 하다가 밖에서 들려오는 소리를 듣고 행동을 멈추거나 한곳을 응시할 땐 부모님도 하던 일을 멈추고 아이가 바라보는 곳을 살펴 주세요. 아이를 멈추게 한 소리가 무엇이었는지, 아이가 어디를 보는지 살펴보고 아이에게 그 자극이 무엇인지 명확하게 설명해 주면 좋아요. 부모님과 함께 자극을 공유한다는 사실이 아이를 안심하게 만들어 줄 수 있습니다.

로션을 이용한
촉감 놀이 가이드

    촉각이 예민한 아이는 피부로 접촉하는 모든 것에 민감하게 반응할 수 있어요. 닿거나 만지는 것을 힘들어하는 경우, 혹은 자신이 만지는 것은 괜찮지만 옷이 달라붙거나 타인이 터치하는 것에는 예민하게 반응하는 경우가 있어요. 이렇게 촉각이 예민한 아이와 놀이를 할 때는 다음과 같은 원칙을 기억해야 해요.

1. 촉각이 아닌 다른 감각을 먼저 느끼게 하기(예: 눈으로 먼저 보고 안전함을 확인)

2. 심장에서 먼 신체부터 접촉 시도하기(예: 발끝, 손끝)

3. 아주 좁은 면적부터 접촉을 시도하며 점점 면적 넓히기

    (예: 손톱→손가락 한 마디→손바닥→팔)

4. 아이가 편안해하는 접촉 방식 찾기

    (예: 손가락으로 툭툭 치기, 손으로 꾹 누르기, 꽉 잡기 등)

함께 놀아요! 재미있는 로션 놀이

Day1. 로션에서는 어떤 향이 날까?

촉각이 예민한 아이도 로션과 친해질 수 있게 놀이를 진행하면 좋아요. 먼저 아이에게 로션의 특성을 소개해 주세요.

"이건 로션이야. 바르면 몸을 촉촉하게 만들어 줘. 로션은 미끌미끌해서 이렇게 통의 입구를 누르면 쏘옥 나와."

그런 다음 부모님의 손바닥에 로션을 덜고 코로 냄새를 맡아 보세요. "음~ 로션에서 달콤한 과일향이 나네?" 같은 말로 아이의 호기심을 자극하면 좋아요. 아이가 향기에 관심을 가지면 아이의 코 근처에 손바닥을 대고 향을 맡게 해 주세요. 손바닥을 공중에서 좌우로 흔들면 향기가 더 잘 퍼질 수 있어요.

그리고 난 뒤 다시 부모님이 향을 맡아 보세요. 이번에는 좀 더 깊게 향을 맡는 모습을 보여 주세요. 그리고 아이도 아까보다 더 깊이 향을 맡을 수 있게 해 주세요. 아이가 향을 맡는다면 오늘은 성공입니다.

Day2. 로션 매니큐어를 발라 볼까?

아이가 로션에 익숙해졌다면 이번에는 부모님의 손바닥에 로션을 살살 문지르는 걸 보여 주세요. "살살살살. 동글동글동글" 같은 소리를 내 주면 더 좋아요. 그다음에는 손가락에 로션을 콕 찍어 아이의 발등에 찍어 보세요. 이때 아이의 반응이 어떤가요?

아이가 가만히 있는다면 '눈이 내려요' 놀이로 넘어가면 좋아요. 아이의 발등에 로션을 콕콕 찍으며 "우와, 발등에 로션 눈이 내렸네"라고 말해 주세요. 발등까지 성공했다면 이제 '로션 매니큐어' 놀이를 할 수 있어요. 아이의 발톱에 로션을 콕콕 찍으며 '한 꼬마 두 꼬마 세 꼬마 인디언' 노래를 불러 주세요. 만약 아이가 너무 예민하다면 엄지발톱에만 시도하고 끝내 주세요. 내일 검지발톱까지 도전하면 되니까요.

발톱과 발에 로션을 바르는 데 성공했나요? 그다음은 손에 도전해 보아요. 손도 마찬가지로 손톱부터 시작해요. 아이의 손톱에 로션을 매니큐어처럼 발라 주며 "손톱이 예쁜 하얀색이 되었네" 하고 말해 주세요.

만약 아이가 거부한다면 "싫었구나~" 하며 로션을 손으로 부드럽게 닦아 주세요. 이때 아이가 언제 발랐는지 모르게 한 번 더 순간적으로 로션 점을 탁 찍어 보세요. 아이의 반응이 어떤가요? 만약 거부가 심하다면 "사라져라, 사라져라, 뿅!" 주문을 외워 주며 로션을 치워 주세요.

Day3. 로션으로 달팽이 집을 만들어 볼까?

아이가 로션에 익숙해졌다면 더 넓은 면적의 감촉을 느끼게 해 볼까요? 아이의 손바닥에 로션을 조심스레 짜 줍니다. 아이가 이 질감을 느끼지 않도록 천천히 진행해 주세요. 아이가 괜찮아 보이면 부모님이 손가락으로 동글동글 문질러 달팽이 집을 그려요. 이때 "달팽이 집을 지읍시다~" 하고 노래를 부르며 아이에게 이것이 즐거운 놀이라는 점을 꼭 인식시켜 주세요.

로션 달팽이 집은 점점 크게 그릴 수도, 점점 작게 그릴 수도 있어요. 점점 크게 그릴 때는 노랫소리도 점점 크게, 작게 그릴 때는 점점 작게 불러 주세요. 아이는 노랫소리와 달팽이 집 모양에 집중하면서 로션 촉감에 점점 익숙해질 거예요.

내 아이만의
특성을 파악해요

느린 아이의 기질

기질은 아이가 타고나는 성향적인 특성을 말해요. 기질을 결정하는 데는 유전적인 요소가 크답니다. 아이는 저마다 다른 기질을 가지고 태어나는데요. 이러한 기질은 아이가 세상을 살아가면서 행동을 결정하고 감정에 반응하며 사회적 상호 작용을 하는 데 많은 영향을 미칩니다.

기질은 크게 순한 기질, 까다로운 기질, 느린 기질로 나누어 볼수 있어요. 기질은 성향적인 특성일 뿐 좋고 나쁜 것이 없다는 사실을 기억해 주세요. 그럼 지금부터 3가지 기질에 대해서 알아볼까요?

우리 아이는
어떤 기질을 가졌을까?

순한 기질

순한 기질의 아이는 부모가 '아이를 키우기 수월하다'라고 생각할 만큼 적응력이 좋습니다. 새로운 음식, 놀이 등 변화된 일상에도 쉽게 도전합니다. 매일 같은 시간에 자고 같은 시간에 일어나며 수유 시간도 규칙적입니다. 낯선 사람 앞에서도 잘 웃고 명랑한 모습을 보이기 때문에 친구도 쉽게 사귀어요.

순한 기질의 아이들은 너무 산만하거나 지나치게 조용하지 않습니다. 대체적으로 상호 작용 수준이 좋고 긍정적이고 밝은 기분을 유지하지요.

까다로운 기질

까다로운 기질의 아이는 일상 변화에 민감해요. 어떤 아이는 활발하고 에너지는 넘치지만 수면, 식사, 배변 등의 신체 리듬이 불규칙합니다. 새로운 음식에 더디게 적응하고 쉽게 잠들지 못하며 낯선 사람에 대한 두려움도 크지요. 변화에 강한 거부 반응을 보이기 때문에 쉽게 울고 짜증 내며 격렬한 감정 표현을 보이기도 해요.

이때 아이가 일부러 부모를 골탕 먹이기 위해 짜증을 낸다고 오해해서 아이와 힘겨루기를 하게 되면 상황은 더 악화됩니다. 까다로운 기질의 아이는 일부러 짜증을 내는 것이 아니에요. 원하지 않아도 보이고, 들리고, 느껴지기 때문에 불편감을 표현하는 것뿐이지요. 그 자극들이 나를 침범하는 것처럼 느껴져서요.

이런 아이에게는 짜증이 나고 힘든 감정을 충분히 인정하고 위로해 주는 것이 중요합니다. 다만 이 부정적인 감정을 적절히 표현할 수 있도록 안내해야겠지요.

까다로운 기질의 아이에게는 새로운 상황에 서서히 노출시키고 적응할 시간을 충분히 주세요. 아이가 거부한다고 새로운 상황을 피하기만 한다면 발달에 필요한 다양한 자극까지 놓칠 수 있어요. 그렇기 때문에 아이가 힘들어해도 설득하거나 협상하는 등 다양한 방법을 이용해 서서히 경험할 수 있게 해 주는 요령이 필요합니다.

까다로운 기질의 아이는 변화에 민감하므로 일상은 가급적 규칙적이고 예상 가능하게 이루어져야 새로운 일에 쉽게 도전할 수 있습니다.

느린 기질

느린 기질을 이해하려면 까다로운 기질을 알아야 합니다. 왜냐하면 두 기질은 아이의 반응 속도만 다를 뿐 매우 비슷한 양상을 띠기 때문이에요. 까다로운 기질의 아이는 반응하는 속도가 빨라서 싫으면 즉시 거부 반응을 보이는 반면, 느린 기질의 아이는 표현 반응이 늦어서 부모가 뒤늦게 아이의 욕구를 알아차리는 경우가 많습니다.

재미있는 예시를 들어 기질별 반응을 알아볼까요? 더운 여름, 버스 정류장에서 오랫동안 기다린 버스를 눈앞에서 놓쳤어요. 당황스럽고 땀도 나고 여러모로 불쾌한 상황이지요.

이때 순한 기질의 아이는 화는 나지만 마음을 가라앉히며 이 상황에 적응해 보려고 노력합니다.

"아, 버스를 놓쳤네! 괜찮아, 다음 버스가 금방 올 거야. 그동안 나무 그늘 밑에서 그림을 그려야지!"

까다로운 기질의 아이는 어떨까요? 아마 예상치 못한 상황에 크게 당황하며 부정적인 감정을 표현할 거예요.

"왜 항상 이런 일이 생기는 거야! 이제 어떻게 해! 너무 화나!"

발을 동동 구르고 눈물을 글썽이며 주위 사람들에게 불만을 이야기하기도 해요. 사실 이런 행동은 상황에 적응하려는 과정으로도 볼 수 있어요. 나름대로 변화를 받아들이려는 것이지요.

마지막으로 느린 기질의 아이는 어떨까요? 잠시 멍하게 있다가 이 상황을 파악하려고 주변을 천천히 둘러봐요.

"어, 버스를 놓쳤네. 이걸 어쩌지?"

그러고 나서 버스 시간을 확인하고 조용히 정류장에 앉아 다음 버스를 기다리겠지요. 다음 버스를 탄 뒤 느린 기질의 아이는 서서히 화가 올라오기 시작해요. 까다로운 기질의 아이가 버스가 오기 전에 정류장에서 화를 다 풀고 다음 버스를 탔다면, 느린 기질의 아이는 문제가 해결된 뒤에야 자신의 감정을 알아차리지요. 그래서 집에 온 뒤 가장 안전한 엄마에게 짜증을 내게 되는 거예요. 한참 전에 있었던 일로 아이가 "버스 놓쳤다고요. 말 시키지 마세요"라고 말하면 엄마는 황당할 수밖에 없지요.

이처럼 느린 기질의 아이는 느린 속도감 때문에 가끔씩 상황에 맞지 않는 감정을 표현하며 어쩔 수 없이 지난 문제를 가져오기도 합니다. 어린이집도 잘 적응하는 것 같다가 갑자기 등원을 거부하는 경우도 있고요.

위의 예시에서도 알 수 있듯이 느린 기질의 아이는 변화에 민감하지만 전반적으로 천천히 적응하며 바로 반응하는 것을 어려워합니다. 그렇기 때문에 새로운 상황에 대한 부정적인 반응도 늦게 보입니다. 그래서 부모는 아이의 변화를 빠르게 알아차리기가 어려워요. 오히려 느린 기질의 아이를 순한 기질의 아이라고 착각할 수 있지요. 대체로 차분하고 활동 수준이 낮으며 수면, 식사 등 생리적인 리듬도 규칙적이라 어떤 상황에도 울지 않고 혼자서도 잘 있는 것 같으니까요.

긍정적이든 부정적이든 반응이 약하고 감정 표현이 적기 때문에 부모는 아이의 감정을 잘 알아주어야 해요. 일상에서 감정 단어를 많이 사용해서 아이가 감정 표현에 익숙하게 만드는 것이 좋습니다.

느린 기질의 아이들은 새로운 상황에 천천히 적응하지만 일단 적응을 하게 되면 안정적입니다. 아이가 느린 기질을 타고난 것 같다면 새로운 상황에 점진적으로 노출해 주고 작은 성취도 칭찬하며 자존감을 높여 주는 것이 중요합니다. 그리고 무엇보다 기다려 주는 것이 필요해요.

이런 아이는 일단 한 가지에 몰입하는 것도 쉽지 않기 때문에 다른 방법을 받아들이는 것도 느려요. 그래서 아무리 부모가 더 좋은 방법을 제시해도 못 알아듣는 경우가 많습니다. 이럴 때는 아이가 해 보려는 것을 먼저 하게 해 주세요. 그다음 다른 방법을 제시해 주면 아이도 새로운 방법을 받아들일 수 있습니다.

또, 적응할 수 있는 시간을 확보해 주어야 합니다. 예를 들어 어떤 체험이 10시에 시작한다면 30분 전에 도착해서 아이가 환경에 적응하도록 도와주세요. 그리고 그 체험을 여러 번 반복해서 숙달되는 경험을 통해 '내 것'으로 만들 기회를 주세요. 아이가 자신의 속도대로 잘하고 있는데 옆에서 채근을 하거나 대신 해 주려고 한다면 아이는 오히려 불안과 압박을 느끼고 '나는 못하는 아이', '나는 도움이 있어야만 하는 아이'라며 스스로를 인식하게 될 수도 있어요.

기질을 이렇게 3가지로 나누어 구분했지만, 기질을 정확하게 구분해서 아이를 틀 안에 맞추기보다는 아이만의 특성을 파악하고 그에 맞는 양육 방법을 적용하는 것이 좋아요. 까다롭고 느린 기질의 아이, 느리고 순한 기질의 아이처럼 복합적인 특성을 가진 경우도 많거든요.

아이가 어떤 부분에서는 느리고 어떤 부분에서는 순하고 어떤 부분에서는 까다로운지 알고 있는 것이 좋습니다. 그리고 아이가 특정 부분에 까다롭다고 해서 언제까지나 까다로운 반응을 보이는 것은 아닙니다. 아이들은 경험을 하면서 발달을 하기 때문이에요. 아이의 고유한 특성을 이해하고 기다려 준다면 아이는 결국 세상에 적응하며 성장하게 될 겁니다.

기질에 대한
4가지 오해와 실체

오해 1. 기질은 평생 변하지 않나요?

기질은 타고나는 특성이지만 아이의 성격은 자라온 환경, 부모의 양육 태도, 삶의 경험에 따라서 변화할 수 있어요. 그러므로 부모는 아이의 타고난 기질을 이해하고 아이에게 맞는 양육 환경을 제공해야 합니다. 양육 방식에 따라서 기질이 강화되거나 적응적으로 변화하기 때문이에요.

아이는 성장하면서 다양한 환경적 변인에 영향을 받습니다. 느린 기질을 가지고 태어났어도 충분히 긍정적으로 발달할 수 있는 것입니다.

오해 2. 까다로운 기질은 나쁜 것, 느린 기질은 게으른 것을 의미하나요?

전혀 아닙니다. 모든 기질은 장단점을 가지고 있습니다. 무엇이 좋고 무엇이 나쁘다는 표현은 적절하지 않아요. 그냥 성향적 특성일 뿐이니까요.

까다로운 기질의 아이들은 감정 표현이 세고 변화에 예민하지만 누구보다 창의적이고 세심합니다. 이러한 특성이 강한 의지와 만나면 독립적이면서 섬세한 리더가 될 수 있습니다. 그리고 까다로운 기질의 아이들은 불편함을 느끼는 원인만 제거해 주어도 훨씬 괜찮아진답니다.

느린 기질의 아이는 속도는 느리지만 그 어떤 기질의 아이보다 신중하기 때문에 실수가 적고 한번 결정한 것은 끝까지 인내심을 발휘해서 좋은 성과를 내기도 해요. 그리고 무엇보다 차분한 성격 때문에 집단 안에서 잘 적응하고 또래들 사이에서 믿을 수 있는 친구로 인정받지요.

느린 기질의 아이는 그저 반응하는 속도가 느리고 적응에 시간이 필요한 것뿐입니다. 이는 게으른 것과 전혀 다르며 천천히 발달하고 있다는 표현이 맞습니다.

오해 3. 기질이 비슷한 아이들은 같은 방식으로 양육하고 같이 놀게 해 주어야 하나요?

앞서 이야기한 3가지 기질은 양육자가 이해하기 쉽게 구분해 두었을 뿐 아이의 고유한 특성과 개별적인 욕구는 각각 달라요. 같은 까다로운 기질이라도 예민하게 느끼는 부분이 다를 수 있고, 같은 느린 기질이라도 어떤 부분에서 느린지가 다르지요. 어떤 아이는 키즈 카페에 입장하는 것부터 쉽지 않은 일이지만 어떤 아이는 입장까지는 수월하나 놀이 기구와 아이들이 낯설어서 놀지 못하고 보고만 있을 수 있습니다. 그렇기 때문에 아이의 개별적인 특성과 욕구를 잘 살펴야 하는 것입니다.

무엇보다 중요한 것은 기질이 다르더라도 서로 이해하고 존중하는 법을 배우며 함께 어울리는 것이에요. 아이가 언젠가 사회에서 다양한 사람과 어울리며 독립된 어른으로 살아가도록 하는 것이 양육의 목표이기 때문입니다.

따라서 어린 시절에 다양한 기질의 아이와 어울리며 서로의 차이점을 배우면 좋습니다. 부모님은 아이에게 다양한 기질의 친구를 만날 수 있는 안전한 환경을 조성해 주세요.

오해 4. 문제 행동이 기질 때문인가요?

아이의 문제 행동의 원인을 기질에서만 찾는 것은 매우 위험한 생각입니다. 인간은 기질뿐만 아니라 신체 컨디션, 스트레스 수준, 환경적 요인, 주변 인물 등 다양한 것에 영향을 받습니다. 아이의 기질을 알고 나서도 아이를 둘러싼 복잡한 요인을 다각도로 살펴보며 문제의 원인을 찾는 것이 좋습니다.

느린 기질의 아이는 욕구를 잘 살펴 주어야 해요. 처음에 잘 적응하는 것처럼 보이더라도 알고 보면 최선을 다해 애쓰고 있는 중일 수 있어요. 새로운 장소에 방문할 때는 약속 시간보다 조금 빨리 도착해서 적응할 시간을 주세요. 필요하다면 한 가지 활동도 익숙해질 때까지 자주 경험하도록 해 주세요. 느린 기질의 아이는 적응하는 데 시간이 필요한 아이랍니다. 성실하게 일상을 잘 적응한 대견한 우리 아이의 속도를 기다려 주세요.

친구와 잘 어울리지 못하는 아이, 왜 그럴까?

느린 아이의 사회성

발달이 느린 아이는 일반적으로 사회성 발달도 느립니다. 친구들과 어울리고 소통하는 것을 어려워하기 때문이에요. 이런 아이에게는 전문가의 치료와 가정의 케어를 병행하는 일이 무척 중요합니다.

발달 센터에서는 놀이 치료를 하고, 집에서는 친구들을 초대하여 놀이 시간을 따로 만들어 주세요. 그러면 아이의 사회성은 더 빠르게 좋아질 수 있습니다. 아이가 친구에게 서툴게 행동했던 상황을 기억했다가 친구들이 돌아가면 그 상황에 대해 설명해 주고 대처하는 방법을 연습할 수도 있습니다. 그리고 해당 상황을 치료 선생님과도 상의하며 방법을 찾아 나갈 수 있습니다.

치료에 앞서 중요한 것은 먼저 내 아이를 이해하는 일입니다. 지금부터 발달이 느린 아이의 사회적 특성을 살펴볼까요?

느린 아이의 사회적 특성 6가지

1. 친구와의 갈등을 잘 풀지 못해요

발달이 느린 아이들은 친구와 함께 노는 것이 힘들 수 있어요. 상황을 판단하고 해결하는 데 오랜 시간이 필요하기 때문이에요. 친구가 자신에게 무언가를 요구하거나 자신이 친구에게 요구해야 할 때, 자신의 생각과 친구의 생각이 다를 때 서로가 원하는 방법을 찾아 맞춰 가야 하는데 이 과정이 쉽지 않지요.

또, 놀이나 게임에는 규칙이 있는데 발달이 느린 아이들은 사회적 규칙을 이해하는 데 어려움을 느낄 수 있어요. 예를 들어 한 명씩 순서를 지켜야 하는 규칙을 몰라서 다른 친구와 갈등을 겪을 수 있지요.

2. 의사소통이 서툴러요

발달이 느린 아이들은 자신의 생각을 말하거나 상대방이 하는 말을 이해하는 데 시간이 걸릴 수 있어요. 그러다 보니 화가 나는 상황, 자신의 입장을 말해야 하는 상황에서 이를 언어로 표현하며 자신을 보호하지 못하지요.

예를 들어 학교에서 친구와 싸우게 된 사건을 엄마에게 설명해야 할 때 아이는 "그게 쳤어! 나는 아니고"라며 두서없이 말합니다. 부모는 아이가 무슨 상황을 겪었는지 알기 위해서 스무고개처럼 계속 질문하며 답을 찾아야 하는 상황이 발생하기도 해요.

또, 말뿐만 아니라 눈맞춤, 표정, 몸짓도 서투를 수 있어요. 우리는 비언어로도 많은 정보를 주고받을 수 있어요. 말이 오가지 않아도 분위기로 상황을 파악하지요. 그렇지만 발달이 느린 아이들은 이런 비언어적 의사소통과 사회적 신호를 잘 이해하지 못할 때가 많아요. 옆의 친구가 웃고 있는지 화가 났는지 잘 모를 수 있지요. 대화할 때 상대방의 눈을 마주치지 않거나 표정이 거의 변하지 않을 수도 있어요. 그리고 대화를 시작하거나 하나의 주제를 계속 이어가는 것을 어려워합니다.

3. 놀이의 상징성을 이해하지 못해요

인형 놀이, 역할 놀이 같은 상징적 의미를 가지는 놀이를 이해하지 못하는 경우가 많아요. 예를 들면 인형을 가지고 '엄마와 아기' 놀이를 할 때 인형이 진짜 엄마나 아기가 아니라 그 역할을 상징한다는 것을 이해하지 못할 수 있어요. 자신의 경험을 바탕으로 놀이를 꾸며 나가거나 그 사건에서 경험한 감정을 인형에 투사하지 못하지요.

이러한 상징 놀이를 이해하기 어려우니 친구와 함께 놀기보다는 혼자 노는 것을 더 좋아할 수 있어요. 예를 들어 운동장에서 친구들이 소꿉놀이를 하고 있어도 혼자 모래 놀이를 하는 것이지요.

발달이 느린 아이는 자신이 할 수 있는 수준의 놀이를 반복하거나 단순한 활동에만 집중할 수 있어요. 자신에게 익숙한 놀이만 반복하다 보니 친구들과 새로운 놀이를 하며 의미 있는 상호작용을 하기 어렵습니다.

4. 감정 조절이 어려워서 자존감까지 낮을 수 있어요

자신의 감정을 이해하고 조절하는 데 어려움을 겪어 갑자기 화를 내거나 슬퍼지는 등 감정의 변화가 극단적일 수 있어요. 경쟁 상황에서 이기고 싶은데 이기지 못해 분한 마음을 참지 못하고 고집을 부리기도 해요.

자신의 감정을 조절하는 방법을 모르고 이 상황을 어떻게 해결해야 하는지도 모르니 자아상이 긍정적이지 못할 수 있어요. '나는 친구들과 잘 못 어울려', '저곳은 안전할까? 무서워'라고 생각하며 자신감까지 잃게 되지요. 이러한 일이 반복되면 자기 자신을 존중하는 법을 몰라 자존감이 낮아지고 힘든 사건을 겪어도 다시 일어설 수 있는 회복 탄력성이 낮아질 수 있어요.

5. 주도적이고 자율적으로 결정하는 것을 어려워해요

사회적 상황에서 주도적으로 행동하지 못하고 소극적인 태도를 보일 수 있어요. 무엇을 할지 물어봐도 모르겠다고 답하거나 응답하지 않고 가만히 있는 모습을 보이며 의견을 내지 않을 수 있어요. 혹은 다른 아이들이 하는 행동을 그대로 따라 하거나 다른 아이들의 지시에만 따르는 경향을 보일 수도 있어요. 자신이 뭘 좋아하고 싫어하는지, 어디로 가고 싶은지 알아채는 게 쉽지 않기도 해요. 자신에 대해 잘 모르니 목표를 가지고 주도적으로 결정하는 것이 아이에게는 큰 숙제가 됩니다.

6. 협동 능력이 부족해요

팀 활동에서 역할을 이해하고 수행하는 데 어려움을 겪을 수 있어요. 예를 들면 팀을 나눠서 축구를 할 때 공격수, 수비수, 골키퍼의 역할을 이해하지 못해 혼란스러워해요. 시야가 좁아서 주변을 잘 살펴보지 못하는 탓에 문제 해결 방식을 생각하기 어려워하지요. 그러다 보니 관계에서 갈등이 벌어졌을 때 적절한 해결 방법을 찾는 데 어려움을 느낍니다. 한 팀이 된 친구와 의견

차이가 생겨 다툴 때 어떻게 해결할지 몰라서 더 큰 싸움으로 번질 수 있는 것이에요.

느린 아이의 특성을 알면 아이가 왜 이런 행동을 보이는지 이해하게 됩니다. 아이가 그렇게 행동하고 싶어서가 아니라 그럴 만한 능력이 없기 때문이고, 때로는 자신에게 다른 중요한 생각이 있어서 그런 선택을 했다는 것을 알게 되지요. 아이를 이해하면 소통의 물꼬가 더 쉽게 트입니다.

TIP. 내 아이 들여다보기

발달이 느린 아이들은 감정을 표현하고 이해하는 능력이 느리게 발달하여 갈등을 해결하거나 도움을 요청하는 것을 힘들어할 수 있어요. 이는 아이가 일부러 갈등을 일으키는 것이 아니라, 잘하고 싶어도 능력이 부족해서 일어나는 일이에요. 누구보다 친구들과 잘 지내고 싶은 사람은 아이 본인이랍니다.

아이와 함께
행복 호르몬 속으로!

느린 아이의 뇌

   느린 아이에게 어떠한 뇌 문제가 있다고 딱 잘라 정의하기는 어렵습니다. 뇌의 발달은 사람마다 다르기 때문입니다. 그렇지만 비교적 발달이 더딘 뇌 영역이 있을 수는 있습니다. 이는 아이가 새로운 정보를 처리하는 데 시간이 더 걸리거나, 특정 감각에 더 민감하게 반응하는 원인일 수 있습니다.

   느린 아이의 뇌는 일반 아이에 비해 영역의 크기나 밀도에 차이가 있을 수 있고, 신경 전달 물질의 불균형이 있을 수 있습니다. 뇌에는 '신경 회로'라는 것이 있어요. 신경 회로는 뉴런이 시냅스를 통해 정보를 전달하는 길이지요. 이 신경 회로는 아이의 감각, 운동, 인지, 정서 등 다양한 기능을 발달하게 합니다. 이 회로가 잘 만들어져야 정상적으로 뇌가 기능할 수 있는데요. 느린 아이의 경우, 뉴런들이 서로 정보를 전달하는 과정이 비정상적으로 이루어지거나 지연되기도 합니다.

신경 회로가 비정상적으로 형성되거나 정보 전달이 지연되는 원인은 다양해요. 출생 전 요인으로는 유전, 임신 중 알코올 섭취, 약물 섭취, 영양 결핍, 태아 감염 등이 있습니다. 출생 시 요인으로는 미숙아 출생, 저산소증, 뇌출혈 등이 포함됩니다. 출생 후 요인으로는 영양 결핍, 환경 자극 부족, 부모와의 상호 작용 부족 등이 있어요.

아이의 뇌 발달에 도움을 주기 위해서는 맞춤형 치료와 안정적인 애착 대상인 부모와의 적극적인 상호 작용이 필요해요. 또한 아이의 느린 발달을 빠르게 발견하여 조기에 개입한다면 뇌의 유연성을 활용하여 신경 회로 형성을 도울 수 있습니다.

아이의 발달과 관련 있는
신경 전달 물질 6가지

1. 사랑의 호르몬 옥시토신

옥시토신Oxytocin은 '사랑 호르몬' 또는 '포옹 호르몬'이라고 불립니다. 포옹을 하거나 즐거운 놀이를 할 때 분비되지요. 옥시토신이 분비되면 불안감이 줄어들고 편안한 정서가 유지됩니다. 옥시토신은 신뢰감과 유대감을 형성하는 등 심리적, 사회적 기능에 중요한 역할을 해요. 이는 부모와 아이 사이의 애착을 강화하고 아이 정서에 긍정적인 영향을 미칩니다. 아이는 사랑받는 느낌을 받으면 전반적으로 뇌 발달이 촉진된답니다.

2. 스트레스 호르몬 코르티솔

코르티솔^{Cortisol}은 '스트레스 호르몬'이라고도 불리는데요. 스트레스를 받으면 반응하여 분비되는 호르몬이에요. 코르티솔은 면역 반응을 조절하는 데 중요한 역할을 하지만 코르티솔 수치가 높으면 스트레스를 많이 받고 있다는 신호이고 건강에 해로울 수 있어요. 스트레스 호르몬을 줄이려면 아이에게 안정감을 주어야겠지요? 아이에게 안전한 환경을 만들어 주고 부모와 접촉하며 즐거움을 느끼게 해 주세요.

3. 즐거움과 보상 호르몬 도파민

도파민^{Dopamine}은 보상과 동기 부여, 학습, 감정 조절에 깊은 관여를 하는 중요한 신경 전달 물질이에요. 새로운 장난감을 가지고 놀 때, 부모의 칭찬과 격려를 받을 때 아이는 즐거움과 행복감을 느끼고 뇌에서 도파민 분비가 촉진됩니다.

아이는 즐거움과 칭찬이라는 보상을 받았기 때문에 놀이에 더 적극적으로 참여하고 도전하려는 시도가 나타납니다. 놀이를 하는 데 있어 긍정적인 동기 부여가 되는 것이지요. 또한 도파민 분비는 학습과 기억 능력을 강화하여 새로운 정보를 효과적으로 배울 수 있도록 합니다.

4. 행복 호르몬 세로토닌

세로토닌Serotonin은 우리의 기분을 행복하고 평온하게 만드는 데 중요한 역할을 합니다. 세로토닌 수치가 높아지면 기분이 좋아지고 불안감과 우울감은 줄어듭니다. 부모와 아이가 놀이를 할 때 아이의 뇌에서 세로토닌 수치가 적절하게 유지되면 아이는 행복감을 느낍니다. 정서가 안정화되면서 소화 기능도 원활해지지요. 반대로, 세로토닌 수치가 낮은 아이는 쉽게 짜증을 내고 불안하며 기분 조절에도 어려움을 보여요.

5. 천연 진통제 엔도르핀

엔도르핀Endorphin은 주로 부모와 아이가 즐거운 대화를 나눌 때, 좋은 음악을 들을 때, 마사지나 포옹, 쓰다듬기 등 다양한 신체 접촉을 할 때 분비됩니다. 엔도르핀은 통증을 완화하는 효과를 가지고 있어서 천연 진통제라고 불려요. 아이가 긴장되어 있고 스트레스가 높을 때 부모와 편안한 놀이를 하게 되면 엔도르핀이 분비되면서 스트레스는 줄고 면역 기능은 강화될 수 있어요.

6. 즐거움의 상징 아드레날린

아드레날린^{Adrenaline}은 신체의 '싸움 혹은 도망 반응^{fight-or-flight response}'을 담당하는 중요한 신경 전달 물질이에요. 이는 위험한 순간이나 스트레스 상황에 부딪혔을 때 대처할 수 있도록 신체를 준비시켜 주는 역할을 해요.

아이가 신나게 술래잡기를 하다 보면 심박수가 높아지고 에너지가 상승하여 더 빨리 달리고 즉각적으로 활동하게 되는데 이 역시 아드레날린이 분비되기 때문이에요. 아드레날린은 아이의 집중력과 민첩성을 높여 줍니다. 숨바꼭질을 할 때 숨을 장소를 더 신중하게 고를 수 있고 놀이에 더 몰입하게 되지요. 이러한 적절한 흥분과 즐거움은 아이의 신체 기능을 활성화한답니다.

뇌 발달을 건축 과정에 비유하면 옥시토신은 기초를 다지는 자재입니다. 부모와의 애착을 강화하고 정서적 안정을 구축합니다. 코르티솔은 불필요한 스트레스를 초래하는 건축 현장의 변수로 말할 수 있습니다. 변수가 많으면 전체 구조에 악영향을 미칩니다. 도파민은 세부 디자인 작업을 도와주는 장비로 학습을 촉진하고 기억을 향상시킵니다. 세로토닌은 내부 환경을 안정화시켜 평온함을 유지합니다. 마지막으로 엔도르핀과 아드레날린은 건축 현장의 활기를 높여 뇌 발달을 돕습니다.

겁이 많은 아이,
무엇이 원인일까?

느린 아이의 신체 활동

어떤 아이는 신체 활동을 쉽게 시작하지 못하는 모습을 보여 줍니다. 선천적으로 겁이 많은 것일 수도 있지만 아이의 신체 능력에서 비롯된 두려움일 수도 있습니다.

겁을 먹은 이유가 아이의 운동 발달이 미흡해서인지 아니면 신체 활용 능력이 미성숙한 것인지를 따져 볼 필요가 있어요. 운동 발달이 미흡한 것과 신체 활용 능력이 미성숙한 것 둘 다 아이가 활동하는 데 어려움을 겪게 하지만, 그 원인과 증상이 다르기 때문에 이 둘을 구분해 아는 것이 중요합니다. 지금부터 이 둘의 차이점을 알아볼까요?

배우는 속도가 느리다면
'운동 발달 미흡'

운동 발달 미흡Motor Development Delay이란 아이가 또래보다 신체 활동을 배우는 속도가 느린 경우를 말합니다. 주로 근육 발달, 협응 능력, 균형 감각 등과 관련이 있어요.

대·소근육 발달이 느린 경우

걷기, 달리기, 점프처럼 큰 근육을 사용하는 대근육이 또래보다 늦게 발달할 수 있습니다. 예를 들면 또래 아이들은 이미 걷고 뛸 수 있지만 어떤 아이는 자주 넘어지고 친구들의 달리기 속도를 따라잡지 못합니다. 뿐만 아니라 친구들은 스스로 단추를 잘 잠그는데 어떤 아이는 손가락 힘이 부족해서 단추를 잠그기 힘들어하는 등 소근육 발달이 느린 모습을 보일 수 있습니다.

근력이 부족한 경우

근력이 충분하지 않아 힘을 필요로 하는 활동에서 어려움을 겪을 수 있어요. 이 경우에는 장난감 상자나 책가방처럼 다른 아이들은 쉽게 드는 물건도 무거워합니다. 놀이터 사다리를 오르거나 계단을 오를 때 다리 힘이 부족해서 힘겨워하고 자전거를 탈 땐 페달을 밟는 힘이 부족해서 얼마 안 가 금방 멈추게 되죠.

협응 능력이 부족한 경우

협응 능력은 두 가지 이상의 신체를 동시에 사용하는 활동에 필요한 능력입니다. 예를 들어 공을 던질 때 목표물을 맞히지 못하거나 날아오는 공을 제대로 받지 못합니다. 또래 아이들은 쉽게 맞추는 퍼즐도 어떤 아이는 눈과 손을 함께 사용하기 어려워 시간이 오래 걸리고요. 그림을 그리거나 색칠 놀이를 할 때도 손의 움직임을 정확히 조절하기 어려워 선을 벗어나거나 원하는 대로 그리지 못하는 경우가 있습니다.

균형 감각이 부족한 경우

균형을 유지하는 능력이 떨어지면 평지에서도 자주 넘어지고 몸이 흔들거려요. 걷거나 달리기를 할 때는 균형을 잡지 못해 방향을 유지하지 못하기도 하지요. 한 발로 서 있는 것을 어려워해서 팔을 크게 흔들거나 금방 다른 발로 바꾸어 서는 모습도 보입니다. 시소나 균형 잡기 놀이 기구를 이용할 때 금방 떨어지지요.

실행을 어려워한다면
'신체 활용 능력 미성숙'

신체 활용 능력 미성숙$^{Poor\ Motor\ Planning\ or\ Praxis}$이란 아이가 신체를 어떻게 사용할지 계획하고, 그 계획을 실행하는 데 어려움을 겪는 것을 말합니다. 기본적인 근력이 있고 운동 기술을 배웠어도 동작을 순서대로 실행하는 것에 어려움을 느끼지요.

운동 계획 능력이 부족한 경우

아이가 처음으로 미끄럼틀을 탈 때 어떻게 올라가고 내려와야 할지 몰라서 주저합니다. 또래 아이들은 다른 아이들이 놀이 기구 타는 것을 보고 모방하거나, 몸을 뒤로 돌리는 등 다른 방법을 사용해 내려오기도 하지만 신체 활용 능력이 미성숙한 아이는 미끄럼틀 위에서 오랫동안 망설입니다.

순서가 정해진 활동을 어려워하는 경우도 있습니다. 손을 씻을 때 비누를 묻히지 않고 물만 틀거나, 비누를 바르고 나서 헹구는 것을 잊어버리는 등 복잡한 동작을 순서대로 수행하지 못하지요.

동작의 자동화&적응력이 부족한 경우

일상에서 자주 반복하는 동작을 자동적으로 수행히는 '자동화'

능력이 부족해요. 예를 들면 신발 끈 묶는 동작을 아무리 반복해도 어색하고 시간이 오래 걸려요. 신발 끈을 묶어야 할 순간마다 처음 묶는 것 같은 느낌에 사로잡힙니다.

또 한 가지 부족한 것은 '적응력'입니다. 상황에 따라 신체를 적절하고 신속하게 움직이는 데 적응하지 못하는 것을 말하는데요. 예를 들어 아이가 놀이터에서 놀이 기구를 타고 있는데 다른 아이가 자신을 향해 달려오는 상황에서 빠르게 피하지 못해 부딪히고 말아요.

공간 인식 능력이 부족한 경우

자신의 신체와 주변 환경 간의 관계를 잘 이해하지 못해 공간을 효율적으로 사용하지 못해요. 예를 들면 방에서 장난감을 가지고 놀다가 주변에 있는 가구나 물건을 잘 인식하지 못해서 자주 부딪치거나 밟아요.

위치 감각이 부족해서 자신의 몸이 공간의 어디쯤에 있는지 잘 인식하지 못해요. 이런 어려움을 겪는 아이는 의자에 앉을 때 정확한 위치를 맞추지 못해 의자에 반쯤 걸터앉거나 바닥에 앉습니다. 또, 계단을 오르거나 내려올 때 발을 계단 끝에 정확히 맞추지 못해 미끄러지기도 하죠. 공을 잡거나 던질 때도 손, 팔, 발, 몸의 위치를 잘 조절하지 못해 공이 엉뚱한 방향으로 흘러갑니다.

실행의 어려움을 겪는 경우

동작을 정확히 수행하지 못해 실수를 반복해요. 춤을 출 때 원래의 방향과 반대로 춘다거나 화살을 던지거나 공을 던질 때 정확한 곳으로 보내지 못하지요. 이런 아이는 꼭 내 몸 사용법을 잘 모르는 것처럼 보여요. 힘을 조절하는 능력도 부족해서 미술 시간에 붓을 너무 세게 눌러 진하게 칠하거나, 반대로 너무 약하게 눌러서 흐리게 칠합니다.

TIP. 내 아이 들여다보기

신체 활용 능력이 미성숙해서 생기는 문제들은 일상생활과 놀이 상황에서 잘 드러납니다. 아이가 이런 문제를 겪고 있다면 효율적으로 신체를 사용할 수 있도록 도와주는 것이 중요합니다.

3장

부모는
아이 발달의
1번 주자

부모 가이드

발달이 느린 아이일수록 부모의 역할이 중요합니다.

아이와 일상을 어떻게 보낼 것인지,

아이에게 필요한 자원은 무엇인지,

가족이 어떻게 협력할 것인지 의논하는 시간을 가져야 해요.

더불어 부모 스스로의 정서적 관리도 중요해요.

부모의 정서 상태는 곧 아이에게 영향을 미칩니다.

그래서 부모는 더 잘 먹고, 더 잘 쉬고, 더 많이 힘을 내야 합니다.

발달이 느린 아이를
키운다는 것

"선생님, 느린 아이를 키운다는 것은 참 외로워요. 이 시간이 언제 끝날까요?"

그렇습니다. 발달이 느린 아이를 키우는 일은 그것을 받아들이고 키우는 과정까지 정말 외롭고 한 번씩 몰아치는 삶의 무게를 견디는 일이에요. 내 아이를 다른 아이들과 비교하다가도 '혹시 내 아이가 느린 게 나 때문인가' 하며 밀려오는 죄책감도 크게 느껴지고요. 누구에게 말하기도 쉽지 않아 답답할 거예요.

아이가 성장하면서 정상 발달 궤도에 오른다면 더할 나위 없이 행복한 일이겠지요. 하지만 어떤 아이는 성장하는 내내 또래보다 느리게 자라기도 합니다. 1년쯤 지나면 괜찮아질 줄 알았는데 내 아이가 힘겹게 1년을 따라가면 또래 아이들은 2년을 앞서나가 있습니다. 이러니 답답함은 커지고 점점 지칠 수밖에요.

부모와 자녀만 느낄 수 있는
특별한 애착 경험의 부재

느린 아이를 키우는 게 힘든 건 알겠는데 왜 외로워지는 건지 모르겠다고요? 그건 바로 부모와 자녀 사이에만 느낄 수 있는 '특별한 애착 경험'의 부재 때문이에요.

부모와 아이는 애착을 주고받습니다. 아이가 태어나면 부모는 '엄마로서 아빠로서 내 아이에게 뭘 더 해 줄까?', '어떻게 하면 우리 아이를 더 많이 웃게 할까?' 고민하고 사랑을 더 주려고 합니다. 아이를 향해 웃고, 말을 걸고, 관심을 보이면서요.

아이는 그런 엄마 아빠의 미소를 보고 따라 웃어요. 부모의 말소리를 들으면 표정이 달라지고 작은 입을 옹알거리며 소리를 따라 내기도 하고요. 그 과정에서 부모는 자녀와의 소통이 특별하고 더 사랑스럽게 느껴집니다. 부모를 알아보고 반응하는 내 아이를 보며 당연히 애착은 더욱 돈독해지겠지요? 이러한 애착은 부모가 힘든 육아를 버티는 원동력이 됩니다.

내 아이의 미소와 사랑스러운 눈맞춤,
부모와 자식의 관계를 더욱 끈끈하게 만듭니다.

그러나 발달이 느린 아이는 부모와 애착을 주고받는 과정이 좀 다릅니다. 어떤 아이는 부모가 미소를 보여도 잘 웃지 않습니다. 눈을 잘 맞추지도 않고요. 때로는 아이의 이름을 불러도 아무런 반응이 없습니다. 소리 내어 주고받는 상호 작용이 수월하지 못한 거예요.

발달이 느린 아이를 양육한다는 것은, 채널이 잘 잡히지 않는 무전기로 소통하는 것과 비슷합니다. 지지직거리는 소리 때문에 말을 잘 전달할 수 없어 소통에 오해가 생기지만 어떻게 채널을 맞출지 몰라 기운이 빠지지요. 이러한 일이 반복되면 부모는 지치게 됩니다. 게다가 아이에게 감각의 특이성이 있다면 어떨까요? 돌봄을 거부하고 매일 울기만 하는 아이를 마주하는 것은 부모의 입장에서 매일 실패를 맞닥뜨리는 일과 같습니다. 하루 이틀도 아니고 매일 실패감을 느낀다면 부모로서의 효능감도 떨어지고 우울감과 좌절감을 경험할 수밖에 없을 것입니다.

정서적 둔감화
점점 지쳐 가는 부모들에게 나타나요

느린 아이를 키우는 부모들은 정서적으로도 많은 차단을 합니다. 내 정서를 돌보기는커녕 아이를 키우는 것만으로도 시간이 부족하니까요. 그래서 스스로 상처받지 않기 위해 나타나는 것이 '정서적 둔감화'입니다.

육아만으로도 너무 힘이 드는데 아이의 울음, 짜증, 나를 거부하는 듯한 모든 반응에 마음의 상처를 입는다면 아이를 제대로 양육할 수 있을까요? 감정이 무뎌져야만 아이를 온전히 키울 수 있었을 거예요. 정서적 둔감화는 나와 내 아이를 위한 최선의 생존 선택이었을 것입니다.

발달 센터에서 부모-자녀 상호 작용 검사를 하게 되면 발달 지연 아이를 둔 많은 부모들이 정서적 소통과 감정에 관심을 두기보다는 가르치고, 교육하고, 안내하고, 훈육하는 목표 위주의 상호 작용을 해요.

여기서 말하는 목표 위주의 상호 작용이란 아이가 세상에 적응할 수 있도록 '이렇게 하라'고 지시하는 방식을 말해요. 아이와 요리 놀이를 하는 상황을 예로 들어 볼게요.

"여기 봐. 이건 피망이야. 피망을 이렇게 냄비 안에 쏙 넣는 거야. 던지지 말고 차분히 앉아서 해야지. 이리 와서 앉아. 이걸 알아야 원하는 걸 해 줄 거야."

아이가 어디에 관심이 있는지, 아이의 시선이 어디로 향하는지 따라가기보다는 이 물건의 이름이 뭔지, 어떻게 써야 하는지 알려 주기 바쁩니다.

사실은요, 어떤 부모든 아이와 정서적으로 교감하고 싶지 않은 분은 없을 거예요. 부모라면 당연히 내 아이가 뭘 좋아하는지 알고 싶은 법이지요. 하지만 발달이 뒤처질까 봐, 우리 아이만 이걸 모르면 나중에 문제가 생길까 봐 더욱 목표 중심적인 양육 태도를 가지게 되는 것이에요.

현장에서 부모님들의 눈빛을 보면 그동안의 삶이 보입니다. 지쳐 쓰러질 수도 없고, 억지로 힘을 낼 수도 없는 눈빛. 그러다가 아이에게 작은 변화가 나타나면 다시 반짝이는 눈동자.

그동안 내 아이를 위해 얼마나 열심히 달려오셨을까요. 일상의 틈틈이 찾아오는 실패감과 좌절감을 다 꺼내 놓기도 쉽지 않았을 거예요. 누군가에게 털어놓고 이야기한들 문제가 해결되는 것도 아니니까요.

그럼에도 저는 감히 이렇게 말하고 싶습니다. 전문가들도 넘볼 수 없는 영역이 바로 부모의 자리라고요. 내 아이의 전문가는 그 누구도 아닌 부모입니다.

TIP. 엄마 아빠 들여다보기

발달이 느린 아이를 키우는 것은 거친 바다를 항해하는 일과 같습니다. 부모는 아이를 위해 돛을 올리고 항해하다가, 한 번씩 밀려오는 파도에 흔들리고 쓰러지기도 하지요. 부모는 이 파도에 무너지지 않기 위해 마음의 벽을 단단히 세웁니다. 이 여정의 목적은 단순히 목적지에 도착하는 것이 아니에요. 아이와 함께 돛을 고쳐 매는 과정에서 부모와 아이가 함께 강해지고 깊이 연결되는 것입니다.

아이의 전문가는 부모

부모는 내 아이의 성격, 습관, 선호도를 가장 잘 이해하고 있어요. 전문가들이 단기간에 파악하기 어려운 부분까지 부모는 자연스럽게 알고 있죠. 그러다 보니 어쩔 땐 내 아이가 뭘 원하는지 눈빛만 봐도 알아요. 내 아이를 위해 헌신할 준비가 된 사람이 바로 부모입니다. 아이를 위해 최선을 다하려는 부모의 마음이야말로 아이에게는 가장 큰 자산입니다.

아이의 발달을 결정 짓는 요인 중 첫 번째는 '부모가 자녀를 포기하지 않는 것'이에요. 아이의 미래가 어떤 모습일지는 아무도 장담할 수 없어요. 시간, 돈, 노력을 얼마나 들여야 하는지도 아무도 알 수 없지요. 하지만 그럼에도 부모는 아직 보이지 않는 아이의 잠재력을 최대한 끌어올리기 위해 노력합니다.

상담 현장에 있다 보면 우직하고 끈기 있는 부모가 아이의 삶을 마치 자신의 삶처럼 돌볼 때 성과가 나타나는 장면을 목격합니다. 아무리 어린아이라도 부모의 눈빛과 표정을 보면 그 분위기를 느낄 수 있어요. 부모가 자신을 따스하게 바라볼 때 아이는 안정감과 신뢰감을 느끼지요.

부모가 일관적인 태도를 보이면 아이는 부모를 예상할 수 있는 존재로 여깁니다. 예상할 수 있으면 불안도 줄어듭니다. 아이는 정서적으로 안정된 환경을 발판 삼아 감정을 조절하는 법을 배워요. 그리고 자신이 어떤 행동을 하면 어떤 결과가 나오는지 학습할 수 있게 됩니다. 이것은 아이가 지속적으로 뭔가를 배울 수 있는 학습의 기회를 열어 줍니다. 반면 부모와의 일관되고 안정적인 관계가 형성되지 않은 아이는 치료 현장에서도 불안정해 보입니다.

그러나 부모가
슈퍼 히어로는 아닙니다

부모가 내 아이의 전문가로서 해야 하는 중요한 일이 있어요.

바로 주변의 도움을 최대한 이용하는 것이에요. 주변의 도움이란 친척, 이웃, 지역사회, 선생님처럼 주 양육자는 아니지만 내 아이와 밀접한 제3자를 말해요. 이들의 도움을 받는 것, 도움을 요청하는 것을 두려워하지 마세요.

제가 상담했던 아이 중 유독 사회성이 느리게 발달했던 아이가 있었어요. 그 아이는 방학마다 친척집에서 시간을 보내기로 했어요. 먼 곳으로 떠난 덕분에 아이는 엄마와 둘이 버스도 타 보고 기차도 타 보며 색다른 경험을 했어요.

외동이었던 아이는 친척집에 도착하자 사촌과 실컷 뛰어 놀았어요. 그 덕분에 또래가 주는 발달 자극을 듬뿍 경험했지요. 방학이 지나고 다시 만난 아이는 전과 달리 눈빛에 생기가 돌고 감정도 풍부해졌어요. 놀이 방식도 다양해졌고 상호 작용 속도도 빨라졌지요.

내 아이를 무조건 '나 혼자' 잘 키워야 한다고 생각하지 마세요. 혼자서 모든 것을 짊어지려고 하면 언젠간 그 힘이 닳고 말아요. 아무리 아이를 사랑해도 힘과 체력이 있어야 아이에게 집중할 수 있는 법입니다. 때로는 아이가 아니라 내가 좋아하는 활동을 하고 좋아하는 음식을 먹고 좋아하는 장소에 가는 것을 즐기세요. 그리고 부모님이 좋아하는 것을 아이도 경험하게 해 주세요. 자주 자주 말이죠.

아이를 위한 활동, 부모를 위한 활동을 각각 기록하기

오롯이 나를 위한 시간과 활동에는 무엇이 있을까요? 사소한 것부터 시작해요. 잠을 잘 자는 시간도 나를 위한 시간입니다. 밥을 먹을 때 좋아하는 반찬을 먹는 것도 나를 위한 활동입니다. 나를 위한 시간과 활동을 거창하게 생각하지 말아 주세요. 완벽하지 않아도 괜찮아요. '아이의 전문가는 부모'라고 지칭한 것이 부모가 아이를 위해 모든 것을 갖춘 슈퍼 히어로임을 의미하지는 않아요.

내 아이가 발달이 느린 것은 부모 탓이 아닙니다. 느린 발달은 그 원인이 너무나 많고 복합적이에요. 이런 상황에서 나 때문이라는 죄책감은 버리세요. 아이를 위한 모든 결정이 완벽할 수는 없습니다. 가끔 실수할 수 있고, 아이에게 화도 낼 수 있고, 지쳐 펑펑 울 수도 있어요. 그럼에도 불구하고 중요한 것은 끝까지 아이를 포기하지 않고 잘 성장시키려는 의지입니다.

스스로를 칭찬해 주세요. 치료를 빠지지 않고 꾸준히 다니는 것도 부모가 받아야 할 큰 칭찬 거리 중 하나입니다.

자신을 믿으세요. 부모는 아이의 자산입니다. 이 책을 읽고 있는 것만으로도 아이를 위해 노력하려는 의지를 갖춘 것이니까요.

TIP. 엄마 아빠 들여다보기

내 아이의 전문가는 부모입니다. 아이와의 추억과 시간을 가장 많이 가진 사람도 부모입니다. 그게 바로 부모가 더 잘 먹고, 더 잘 쉬고, 더 힘을 내야 하는 이유입니다.

부, 모, 전문가는
한 팀이 되어야 합니다

시원이는 말이 늦어서 상담을 시작하게 되었어요. 또래보다 언어 발달이 2년 이상 느렸거든요. 시원이와 만난 건 만 2세 때였습니다. 상담을 시작하고, 시원이의 상태를 정확히 판단하기 위해 병원에서 검사를 받았습니다. 평가 후 의사 선생님은 이렇게 말했습니다.

"평생 말을 못 할 수도 있습니다."

엄마는 그 말을 듣고 큰 충격을 받았어요. 그날 이후 눈물이 흐르지 않는 날이 없었지요. 시원이의 아빠는 낙심한 엄마를 따뜻하게 안아 주며 이렇게 말했어요.

"우리가 할 수 있는 걸 해야지. 내가 이제부터 뭘 할까?"

그 한마디가 엄마를 일으키는 힘이 되었어요. 엄마와 아빠는 병원에 다녀온 지 3일 만에 결심했어요. '우리 힘을 합쳐서 시원이를 도와주자!' 이때부터 시원이의 엄마 아빠는 더욱 단단한 팀이 되었습니다.

엄마와 아빠는 그때부터 역할을 나누었습니다. 아빠는 경제적 지원을 하면서 동시에 가정일을 늘리기로 했어요. 또 주말엔 아이와의 바깥 놀이를 담당하기로 했지요. 엄마는 평소에 아이와 집에서 할 수 있는 다양한 활동을 계획하고 외부 전문가와의 협력을 맡았습니다.

처음에는 작은 것부터 시작했어요. 짧더라도 틈틈이 시원이가 좋아하는 책을 함께 읽고, 노래를 따라 부르며 시간을 보냈습니다. 퇴근하고 돌아온 아빠는 시원이가 관심을 보이는 모든 것에 관심을 보이며 한 번이라도 더 말을 걸고 눈을 맞추려 노력했어요. 엄마는 학습과 놀이를 자연스럽게 연결하는 방법을 연구했어요.

몇 개월 후, 시원이에게 작은 변화들이 보이기 시작했습니다.

시원이가 단어를 익히기 시작한 거예요. 게다가 익힌 단어를 말로 표현하려는 모습도 보였습니다. 엄마 아빠는 그 모든 순간을 칭찬하고 격려해 주었어요. 그러자 마침내 시원이는 많은 단어를 말할 수 있게 되었답니다.

이제 시원이는 만 4세가 되었어요. 평생 말을 못 할 수도 있을 거라는 의사 선생님의 말과 달리, 지금은 유치원에서 친구들과 함께 노래를 부르며 뛰어 놀아요. 화장실에 가고 싶을 때, 배가 고플 때, 친구가 자신의 장난감을 뺏으려 할 때 선생님에게 불편감도 표현할 수도 있게 되었고요. 말이 트이고 다양한 활동을 경험하자 인지 기능이 높아져 글자와 숫자도 익히게 되었어요. 유치원 수업 시간에도 집중해서 참여했지요.

시원이의 부모님은 시원이가 눈부신 성장을 보인 이후에도 놀이 치료를 그만두지 않았습니다. 앞으로도 연령별로 놓치지 말아야 할 발달 과업은 남아 있었어요. 시원이의 부모님은 이를 유치원 프로그램과 가정에서 어떻게 연계할지 놀이 심리 상담사와 함께 방법을 찾아 나갔습니다. 놀이 치료뿐 아니라 시원이의 상태, 발달 단계를 보며 필요한 치료적 개입을 시작해 나갔어요. 달라진 시원이를 보면서, 저는 부모가 아이의 발달에 얼마나 중요한 역할을 하는지 더 명확히 알게 되었어요.

협력의 힘 1.
엄마 아빠 듀오는 아이 행복의 비밀 병기

육아에는 많은 시간과 품이 듭니다. 특히 발달이 느린 아이를 키운다면 더 많은 시간이 필요하겠지요. 아이를 먹이고 입히고 씻기고 재우는 일 외에도 아이를 발달 센터에 데려가고 치료를 기다리고 부모 상담도 받아야 하니까요. 발달 센터에서 내 주는 '가정에서 해야 하는 숙제'도 있지요. 그뿐인가요. 집안일은 끝도 없이 생성됩니다.

이 모든 일을 한 명이 다 할 수는 없어요. 만약 부모 중 한쪽만이 무거운 역할을 짊어진다면 금세 지칠 수밖에 없습니다. 양육에 참여하지 않은 쪽은 아이와 유대감을 쌓지 못해 데면데면해집니다. 뒤늦게 친해지려고 해도 이미 다 큰 아이와는 가까워지기 쉽지 않을 거예요.

엄마 아빠 두 사람이 합심해야 아이도 긍정적인 기운을 받습니다. 아이들은요, 부모의 분위기를 민감하게 알아차립니다. 발달이 느리다고 눈치가 없는 것은 아니에요. 아이들은 부모의 작은 몸짓 하나 한숨 하나에도 영향을 받아요.

저는 치료 현장에서 아이가 전보다 불안정해 보이거나, 개선되기 이전의 패턴으로 돌아갈 때면 최근 가정의 분위기를 물어봅니다. 그러면 실제로 분위기가 달라진 경우가 많습니다. 가정이 늘 화목할 수는 없지만 적어도 한쪽만 과도한 책임과 부담을 갖지 않도록 엄마와 아빠 둘 다 노력해 주세요.

가족이 함께하는 시간은 중요하지만 꼭 매번 엄마와 아빠가 함께일 필요는 없습니다. 사정에 따라 때로는 아빠와 아이, 엄마와 아이가 한 팀이 되어 시간을 보내는 것도 좋습니다.

협력의 힘 2
부모와 전문가는 최강 팀

부모와 전문가의 협력이 중요하다고 합니다. 왜 중요할까요? 이 둘을 선장과 항해사에 비유해 볼게요.

부모는 배를 운항하는 선장입니다. 아이와 가장 많은 시간을 함께 보내며 항해의 매 순간을 경험합니다. 항해사의 안내와 지침을 참고해 배를 어떻게 조정할 것인지 선택하지요.

전문가는 항로를 계획하고 위험에 대비하도록 조언하는 항해 사입니다. 아이의 발달 상태를 평가하고 치료 계획을 세웁니다. 치료 목표가 무엇인지, 목표를 이루기 위한 전략과 방법에는 무엇이 있는지, 그리고 가정에서 부모가 꾸준히 실천할 일들을 안내합니다.

성공적인 항해를 위해서 선장과 항해사의 긴밀한 팀워크가 이루어져야 합니다. 그래야 안전하게 목표 지점까지 도달할 수 있으니까요. 그런데 선장과 항해사가 마음이 맞지 않고 서로 협력하지 않으면 어떤 일이 벌어질까요? 위험한 상황에 대비하지 못하고, 이미 닥친 위기에는 빠르게 대처할 수 없겠지요.

바다는 어떤 돌발 상황이 펼쳐질지 예측할 수 없는 곳인데 서로 긴밀하게 소통하지 않으면 결국 혼란이 발생하고 말 거예요. 마찬가지로 부모와 전문가도 협력하지 않으면 아이의 발달 목표를 달성하는 데 오랜 시간이 걸릴 테고 효과는 반감될 수 있어요. 그 결과는 고스란히 아이에게 나타나지요.

부모는 전문가에게 자신의 생각을 솔직하고 자세하게 이야기하는 것이 좋습니다. 치료를 통해 아이가 어떻게 바뀌기 바라는지, 아이를 키우면서 어떤 점이 어려운지, 아이가 나아진 점과 여전히 더딘 점이 무엇인지 등 아이의 정보를 자세하게 제공해 주세요. 그러면 전문가로부터 다양한 의견과 정보를 들을 수 있을 것입니다.

아이에게 집에서 해 줄 수 있는 행동은 무엇인지, 이번 주에 아이가 전문가와 어떻게 상호 작용을 했는지, 치료적으로 더 지원해 줄 것이 무엇인지 전문가와 이야기를 나누세요. 부모가 아이의 발달 상황을 지켜보고 전문가가 알려준 대로 가정 훈련을 진행한다면 아이의 발달은 점점 좋아질 수 있습니다.

마지막으로 기억해야 할 것은 부모의 생각과 전문가의 생각이 다를 경우 서로의 생각을 꼭 함께 나눠야 한다는 것입니다. 어떤 부분에서 생각이 다른지 이야기해야 궁금증을 풀고 오해를 줄일 수 있기 때문입니다.

TIP. 내 아이 들여다보기

아이에게도 역할을 주세요. 밥을 차릴 때 아이에게 숟가락을 놓게 하고 컵 심부름을 시키면서 말이지요. 분리수거를 할 땐 가벼운 비닐을 아이 손에 들려주고 함께 나가도 좋아요. 요지는, 아이의 발달이 느리다고 해서 가족의 일에 아이를 배제하지 않는 것입니다.

심리적 무력감에서 벗어나는 6가지 지침

"하루 종일 일하고 집안일까지 하면 쉴 틈이 없어요. 아이도 저 자신도 챙기지 못하는 것 같아 속상해요."

"명절에 친척들이 아이를 지적할 때면 마음이 덜컥 내려앉아요."

"우리 아이 미래를 생각하면 밤에 잠이 안 온다니까요."

발달 센터에 방문하는 부모님들이 주로 호소하는 내용입니다. 아무리 마음을 다잡아도 심리적 무력감이 폭풍처럼 덮쳐올 때가 있어요. 이러한 심리적 무력감은 부모가 아이에게 긍정적이고 지지적인 반응을 해 줄 수 없는 상태로 만듭니다. 즉, 부모의 양육 민감성을 저해하는 것입니다.

아이를 양육하다 온 마음이 소진되는 일을 예방하려면 무엇이 부모의 양육 민감성을 저해하는지 알고 있어야 합니다. 바로 해결할 수는 없더라도 '이것 때문에 내가 우울하구나' 정도의 이해는 있어야 부모도 스스로의 마음을 보호할 수 있거든요.

느린 자녀를 둔 부모가 특별히 기억해야 할 점은 자녀 양육이 단거리 달리기가 아닌 마라톤이라는 사실입니다. 영유아, 초등학교, 중학교, 고등학교, 성인에 이르기까지 아이 연령에 따라 고민해야 할 주제가 달라지거든요. 이 마라톤을 지치지 않고 완주하려면 무엇보다 부모의 신체적, 심리 정서적 건강이 무척 중요합니다.

그렇다면 지금부터 부모의 양육 민감성을 해치는 '심리적 무력감'에서 벗어나는 방법을 알아볼까요?

1. 아이에 대한 부정적인 생각을 멈추세요

"치료를 시작했는데 왜 그대로일까요. 이대로라면 절대 나아지지 않을 것 같아요."

부정적 생각은 부모 스스로 자존감에 타격을 입히는 파괴적인 행위입니다. 부정적 생각이 한번 들기 시작하면 꼬리에 꼬리를 물어 더 깊이 몰두될 수 있기 때문입니다.

부정적 생각이 들 땐 주의를 전환하려고 시도해야 합니다. 아이가 지금까지 이룬 작은 성취들을 노트에 적어 보세요. 아이가 처음으로 '엄마'라고 불렀던 순간은 언제였나요? 스스로 옷을 입고 새로운 단어를 배웠던 순간은요? 아이가 준 기쁨과 희망을 기억하세요. 그리고 '미소가 예쁜 우리 아이', '발전 가능성이 있는 우리 아이', '어제와 다른 우리 아이'라고 적어 보세요.

아이의 미래를 긍정적으로 그리다 보면 부정적인 생각도 사그라들 겁니다. 때로는 내 아이와 비슷한 아이의 발달 성공 사례를 찾아보거나 전문가에게 직접 내 아이의 발전 가능성을 들어 보는 것도 도움이 됩니다.

2. 또래 아이와 비교하기보다 내 아이의 성장을 봐 주세요

"다른 집 아이와 똑같은 시기에 언어 치료를 시작했어요. 그런데 왜 우리 아이만 여전히 말문이 트이지 않을까요?"

발달 센터 상담 대기실에서 많은 부모님들이 다른 아이를 보며 하는 말이에요. 발달 센터에서도 이런 생각을 하는데 다른 곳에서는 얼마나 많은 비교를 하게 될까요. 아이의 발달이 늦다는 생각만으로도 스트레스를 받는데, 비슷한 시기에 치료를 시작한 아이가 치료를 종결하는 모습을 보면 부모는 자존감에 타격을 입을 수밖에요.

그러나 여러 차례 강조한 것처럼 아이의 발달과 성장은 고유하고 개별적입니다. 다른 아이와 비교만 하다가 우리 아이의 작은 진전을 놓칠 수 있어요. '내 아이의 전문가는 부모'라는 마음으로 내 아이의 고유한 발달 상태를 전문가와 상의하여 이해해 보세요. 아이의 개별적인 성장에 초점을 맞추려는 시도가 부모와 아이를 성장하게 합니다.

3. 부모의 재충전 시간을 절대 건너뛰지 마세요

"하루만이라도 좋으니까 아무 생각 없이 푹 자고 싶어요."
"저를 위한 시간은 조금도 생각할 수 없어요."

부모도 사람입니다. 기계도 오래 가동하면 고장이 나는데 사람은 오죽할까요. 하루 이틀도 아니고 매일같이 내 아이를 위해 학교와 발달 센터를 오가는데 당연히 지칠 수밖에 없지요. 재차 강조하지만 부모가 신체적, 심리적으로 소진되면 아이에게 민감하게 반응할 수 없게 됩니다.

이때 배우자, 양가 부모, 형제자매, 친구들 같은 주변인의 지원이 부모의 스트레스를 크게 낮춰 줍니다. 아이를 몇 시간만이라도 돌봐줄 수 있는 사람에게 도움 요청하기를 망설이지 마세요.

간혹 아이와 떨어지는 것을 어려워하는 부모님도 계신데요. 새로운 사람과 새로운 경험을 하는 것도 아이에게 긍정적인 도전이 될 수 있습니다. 아이가 새로운 경험을 마주하는 동안 부모는 재충전의 시간을 가져 보는 겁니다. 부모가 아닌 온전한 나로서 휴식 시간을 갖는 것이 오히려 양육의 질을 향상시킵니다.

4. 부모와 아이가 모두 좋아하는 활동을 찾아요

"처음으로 아이와 요리 놀이를 했는데 저도 재미있었고 아이도 좋아했어요."

"오늘은 아무 생각 없이 아이와 공원을 산책했어요. 새소리도 듣고 바람도 쐬면서요. 아이에게 뭔가를 가르치려 하지 않으니까 마음이 편하더라고요."

아이와 함께 시간을 보낼 땐 부모도 좋아하는 활동을 해야 즐겁습니다. 아이에게 아무리 도움이 된다고 해도 매번 부모가 억지로 하거나 즐겁지 않다면 아이와의 관계에도 영향을 미치게 되지요. 잠시 가르치려는 태도는 내려놓고 모두가 좋아하는 활동을 찾아보세요. 요리, 운동, 산책, 미술관 관람 등 무엇이든 좋아요. 부모가 편안하고 즐거운 모습을 보여 준다면 아이는 그것만으로도 이완되는 경험을 할 수 있습니다.

5. 누구나 부모가 처음이라는 사실을 잊지 마세요

"다 해 주고 싶은데 경제적 상황이 좋지 않아서 속상해요."

"매달 치료비와 교육비를 어떻게 감당해야 할지 모르겠어요."

"평일에 일 끝나면 부랴부랴 아이와 치료받으러 가고 주말에도 치료 일정이 있어 아이와 뭔가를 할 틈이 없네요."

느린 아이를 양육하는 일은 비용도 시간도 노력도 많이 드는 일입니다. 이렇게 경제적 문제, 삶이 바빠 시간을 낼 수 없는 문제 등 다양한 한계에 부딪힐 때마다 상담사인 저도 벽을 마주한 기분이 드는데 당사자인 부모는 오죽할까요.

발달 치료는 지속적인 케어가 필요한 치료입니다. 이것을 단거리 달리기로 계산하면 소위 말해 '현타(현실 자각 타임)'가 올 때가 있어요. 치료는 장거리로 생각해야 합니다. 그런데 매달 지출해야 하는 각종 비용과 스케줄이 압박처럼 느껴질 때가 있는데요. 이는 아이와의 상호 작용에 집중하지 못하게 만드는 방해 요소가 됩니다. 그러므로 가능하면 여러 대책을 마련해 두는 것이 좋아요.

부모의 민감성을 해치는 요소는 많지만 특히 다른 사람과 교류가 적어지는 '사회적 고립'은 부모를 수렁에 빠트리곤 합니다. 사회적 지지는 정서적 안정에 큰 영향을 주는데, 시간과 여건이 되지 않아 충분한 지지를 받지 못하는 경우가 있거든요.

우리는 부모이면서 나 자신이기도 합니다. 날 때부터 부모인 사람은 없습니다. 부모가 되었기에 부모 역할을 하고 있을 뿐이지요. 부모가 아닌 한 인간으로서 나를 항상 돌아보고 사랑해 주세요. 이렇게 척박한 상황에서도 좋은 부모가 되고자 애쓰는 나에게 오늘은 작은 돌봄을 실천해 보는 것 어떠신가요.

6. 아이를 위해 잘한 점을 스스로 칭찬해 주세요

나를 칭찬하는 시간을 가지세요. 너무 피곤했지만 아이와 눈을 한 번 더 마주쳤나요? 너무 화가 났지만 크게 심호흡하고 화를 조절했나요? 아무리 바빠도 나와 아이를 위한 단 1분의 틈을 만들었나요? 누가 말해 주지 않아도 내가 무엇을 잘했는지 알아주고 스스로를 칭찬하며 위로해 주세요.

TIP. 내 아이 들여다보기

긴 여행에 지쳤다면 잠시 발걸음을 멈추고 심호흡해 볼까요? 저 멀리 풍경을 보는 것처럼 아이와 보낸 시간을 떠올려 보아요. 어두운 터널 속에서도 작은 불빛이 길을 비추듯, 아이의 작은 성취와 발전이 빛나고 있을 겁니다. 부정적인 생각과 비교는 잠시 접어 두고 재충전 시간을 가지며 내 아이의 성장을 돌아보면 어떨까요?

'한 번에 많이'보다 '조금씩 매일' 놀아 주기

발달이 느린 아이들은 경험의 양이 중요해요. 인간의 뇌는 새로운 경험이나 학습을 할 때마다 뇌가 변화하는데, 이것을 '뇌 가소성'이라고 말합니다. 마치 어린 나무가 바람에 따라 생김새를 바꾸며 자라듯 아이의 뇌도 새로운 경험을 통해 변화하고 성장하는 것이지요.

"그러면 경험을 한 번 줄 때 많이 쏟아부으면 되는 것 아닐까?"

이런 질문이 떠오르시죠? 하지만 안타깝게도 그렇지는 않아요. 우리가 하루 동안 몸에 좋은 음식을 가득 섭취했다고 해서 내일

밥을 안 먹어도 되는 게 아니듯이, 경험도 매일 꾸준히 쌓아야 한답니다.

미국 농무부^{USDA}와 세계 보건 기구^{WHO}에 따르면 어린이는 하루에 약 19g의 단백질을 섭취해야 하는데요(연령과 성장 단계에 따라 다를 수 있어요). 이렇게 하루에 필요한 영양소를 매일 섭취해야 하는 것처럼 양질의 환경과 자극을 매일 제공하는 것이 중요해요. 특히 발달이 느린 아이들에게는 경험의 양이 정말 중요합니다. 이걸 놓치면 안 돼요.

아이와의 상호 작용
매일 반복해서 길을 내 주세요

반복은 길을 만드는 과정과 같아요. 처음에는 좁고 울퉁불퉁한 바닥이지만 그 위를 자주 다니면서 점점 더 매끄럽고 넓은 길로 변하게 되지요. 처음에는 서툴렀던 일도 반복하면 그 경로가 점점 더 강화되어 일상에서 쉽게 사용할 수 있게 됩니다. 말을 배울 때도 단어 하나로 시작하지만 반복적인 연습을 통해 복잡한 문장을 구사하게 되는 것처럼 말이에요.

여기서 기억할 점은 아무리 좋은 프로그램, 좋은 방식이 있어도 너무 과하면 아이의 뇌에서 받아들이지 못한다는 것입니다. 때문에 아이가 하루에 소화할 수 있을 만큼만 계획해서 매일매일 시도하는 것이 중요해요. 오늘은 했다가 내일은 안 하고, 어떤 날은 많이 했다가 적게 하는 것은 아이에게 도움이 되지 않습니다.

아이의 현재 발달 수준과 언어 이해 수준에 맞는 방식으로 안정된 환경에서 수시로 소통해 주세요. 아이가 집과 기관에서 연습한 언어와 행동에 능숙해졌다면 점차 다양한 환경으로 확장하여 반복 연습을 시켜 주는 것이 도움이 됩니다.

어떻게 놀아 줘야 할까요?

아이와 놀아 줄 땐 가능한 짧은 문장을 사용해 주세요. 유아기에는 재미있고 과장된 소리에 잘 반응하는데, 이 점을 활용하여 의성어, 의태어, 노래를 활용하면 좋아요. 다양한 방법을 사용하여 아이의 흥미를 유발해 주세요.

아이가 좋아하는 놀잇감으로 시작해 주세요. 우리 아이는 어떤 놀이에 빠져 있나요? 물론 지나치게 몰입되어 있는 놀이를 소거해야 하는 경우도 있지만, 심하지 않은 경우에는 그 놀이를 기점으로 확장해 나갈 수 있어요. 예를 들어 장난감 자동차에만 관심 갖는 아이가 있다고 가정해 볼게요. 다른 장난감에는 관심도 두지 않는다고 해서 장난감 자동차를 없애 버리기보다는, 자동차를 이용한 다양한 놀이를 시도해 보는 거예요. 처음엔 장난감 자동차를 함께 가지고 놀고 자동차 노래도 부를 수 있겠지요. 이 놀이에 익숙해지면 그다음은 진짜 자동차를 타고 마트에 갑니다. 실제 주차장에서 주차 놀이를 할 수도 있지요. 진짜 자동차를 타고 마트에 다녀왔다면 이제 장난감 자동차로 마트에 가는 상상 놀이를 할 수 있어요. 블록을 이용해 마트와 주차장도 만들고, 집에 가는 길도 만들고, 그 길에 나무와 신호등도 세울 수 있습니다.

아이와 매번 같은 놀이를 하기보다는 확장하고 변화를 주는 것이 좋아요. 현재 수준에서 한 단계 업그레이드된 놀이, 기존의 놀이와 다른 새로운 놀이를 함께하면서 아이 자신의 것으로 만드는 과정을 거칩니다.

만약 아이가 갖고 놀지 않는 장난감이 있다면 아이가 익숙해질 수 있게 점차적으로 노출하는 작업이 필요해요. 지금 바로 가지고 놀지 않더라도 언제든 손 닿는 곳에 진열하고, 때로는 부모가 먼저 가지고 노는 모습을 보여 주면 언젠간 아이도 호기심을 갖고 접근할 거예요. 아이가 눈길을 보내는 것만으로도 한 발짝 다가간 것임을 잊지 마세요.

아이마다 채워야 하는 발달 놀이의 양은 각각 다르기 때문에 아이에게 맞는 계획이 필요해요. 그러나 부모님이 이 모든 것을 다 실행하기 어렵다면 발달 센터에 방문하거나 지역 사회를 둘러보세요. 주민 센터, 도서관, 방과 후, 일일 체험, 계절 스포츠 체험 등 다양한 프로그램을 활용하세요. 이토록 다양한 환경 속에서 아이는 새로운 경험을 만끽할 것입니다.

TIP. 내 아이 들여다보기

근육을 키우기 위해 반복적인 운동이 필요한 것처럼 뇌도 자라기 위해서는 지속적인 자극이 필요해요. 매일 꾸준히 연습하면 새로운 행동도 습관처럼 몸에 배지요. 다양한 상황에서 여러 번 연습하면 배운 기술을 쉽게 사용하게 될 거예요. 그러려면 아이에게 필요한 조기 개입과 많은 경험이 중요해요. 경험은 아이가 자신의 잠재력을 발휘하도록 돕는 중요한 열쇠가 되어 줍니다.

맞벌이 가족을 위한
부모 교육 가이드

부모는 자신이 자라온 환경과 요즘의 양육 환경이 다르다는 것을 이해해야 합니다. 옛날에는 온 동네가 아이를 키웠습니다. 놀이터에 가면 친구들과 쉽게 만날 수 있었어요. 아이가 친구 집에서 저녁을 먹고 오거나, 사정이 생기면 아이를 잠시 이웃집에 맡기는 일이 흔했지요. 그렇지만 도움이 필요한 장애 아이, 발달이 느린 아이에 대한 이해도는 비교적 낮은 시대였습니다. 지금은 어떤가요? 놀이터에 가도 친구들이 많지 않고 이웃집에 누가 사는지도 잘 모르지요. 또 예전에는 집집마다 컴퓨터를 두었다면 지금은 각자 스마트폰을 가지고 다닙니다. 돌도 안 된 아기가 손가락으로 스마트폰 화면을 넘기는 데 익숙하지요.

시대가 변하면서 양육의 가치관도 조금씩 변화하고 있습니다. 과거에는 아이가 조금 느려도 알아서 자라게 두는 부모가 많았다면 이제는 아이의 발달에 관심이 매우 높아졌습니다. 육아에 필요한 정보를 빠르게 찾을 수 있고 부모가 받을 수 있는 교육도 많아졌습니다. 요즘은 내 아이의 발달적 특성에 맞춰 양육을 하는 추세이지요.

그러나 때로는 너무 많은 정보로 혼란을 겪기도 합니다. 찾은 정보가 아이에게 맞지 않는 경우도 많고요. 그래서 아이의 현재 발달 상태, 심리 상태를 건강 검진 받듯이 체크하고 개인에게 맞는 치료 방법을 찾는 것이 중요합니다.

바쁘더라도 발달 공부를 시작해야 합니다

양육자 모두 자녀의 현재 발달 수준을 알고 있나요? 발달 시기마다 수행해야 할 과업을 알고 있나요? 아이의 발달이 얼마큼 느린지, 그 요인은 무엇인지, 어떻게 훈련해야 하는지 제대로 아는 일은 무척 중요합니다. 검사를 받았다면 결과 보고서를 잘 보관해 두고 아이에 대한 정보를 차곡차곡 모아 주세요.

가족만의 루틴 만들기

하루 동안 아이에게 집중할 수 있는 시간이 얼마나 되나요? 맞벌이 부부라면 더욱이 시간 내기가 쉽지 않을 겁니다. 발달이 느린 아이에게 많은 시간을 투자해야 하는 건 사실이에요. 그러나 아이에게 모든 걸 해 줘야 한다는 생각은 버려야 합니다. '이 말을 알아들을까?', '이걸 할 수 있을까?'라는 지레짐작이 아이와 부모 사이에 벽을 쌓고 아이의 자율성을 빼앗는 양육 방식으로 향하게 합니다.

아이가 성인이 되었을 때 어떤 모습이길 바라나요? 지금 당장은 느릴 수 있지만 언젠가 독립적인 성인으로 자라난다는 것을 기억해 주세요.

발달은 각자 속도는 다르지만 순서가 있어요. 지금 내 아이가 해내야 할 발달적 숙제는 무엇인가요? 그것을 아이에게 연습시켜야 합니다. 이때 우리 가족만의 루틴을 만들면 좋아요. 규칙적인 하루 일과가 있으면 발달이 느린 아이들이 스스로 행동하는 법을 배울 때 큰 도움이 됩니다.

루틴은 부모가 주도적으로 정해야 하는 부분이라 시행착오가 필요합니다. 발달 공부를 시작할 때 이를 적용할 시간도 구체적으로 정해 주세요. 여러 시도 끝에 우리 가족에게 딱 맞는 일정한 루틴을 찾게 될 겁니다.

하루 10분, 눈맞춤 놀이 시간

퇴근 후 '이것만 끝내고 놀아 줘야지'라고 생각한 적 없나요? 그러나 이러한 다짐은 그리 단단할 수 없어요. 혼자 노는 아이에게 눈길이 가서 부모도 마음 놓고 할 일에 집중할 수 없기 때문이지요.

일이 끝나고 집에 돌아오면 손만 씻고 제일 먼저 아이에게 다가가 주세요. 그리고 딱 10분만 아이와 놀이 시간을 갖는 거예요. 물론 쉽지 않을 겁니다. 여기저기 널려 있는 집안일, 서둘러야 할 저녁 식사 준비까지 할 일도 많고 피곤함도 밀려오겠지요. 이 모든 장애물을 넘고 아이에게 딱 10분만 투자하면 아이는 이런 부모를 보며 생각해요.

아빠 엄마는 나를 제일 좋아하나 봐!

아이와 10분 놀이 시간에는 어떤 활동을 해도 상관없습니다. 저녁 메뉴 고르기, 하루 일과 이야기하기, 신체 접촉을 통한 간단한 몸 놀이 등 아이에게 관심을 주는 일이라면 뭐든 좋아요. 그냥 재미있게 노세요.

10분간 부모의 관심을 듬뿍 받은 아이는 당연히 10분으로 만족하지 못할 거예요. 정해진 시간이 끝나면 이제 부모의 할 일을 시작해도 됩니다. 아이에게는 '엄마가 이제 저녁 준비를 해야 해.

그래야 맛있게 밥도 먹고 편안한 시간을 보낼 수 있어'라고 말해 주세요. 아이도 부모의 시간을 존중하는 훈련을 하는 거예요. 첫 술에 배부를 수 없겠지만 이것이 루틴이 되면 아이의 만족감은 높이면서 부모의 죄책감은 낮출 수 있을 겁니다.

부모가 매일 아이와 함께할 수 있는 자투리 시간을 찾아보세요. 자기 전 함께 책 읽기, 밥 먹으면서 나누는 눈맞춤, 같은 반찬 집어 먹기, 거울 보며 같이 양치질하기 등 일상에서 함께할 놀이를 찾아보세요. 짧은 시간이라도 아이와 눈을 맞추고, 구체적인 칭찬과 감정적 공감을 나누며 아이와 소통한다면 부모로서 유능감도 높아질 거예요.

아이의 표현력을 길러 주는 동사 표현

아이와 대화할 때 "가자", "주세요", "배고파", "쉬 마려워", "싫어", "좋아"와 같은 동사를 많이 활용하세요. 사물의 이름을 아는 것도 중요하지만 필요한 요구를 하고 자신의 생각을 표현할 땐 동사를 알아야 하거든요. 이때 말과 행동을 함께 보여 주면 좋습니다. 예를 들어 '두드리다'라는 표현을 가르칠 땐 직접 문 두드리는 모습을 보여 주세요. 그러면 아이는 다음부터 두드린다는 말만 들어도 무슨 뜻인지 이해할 수 있어요.

틈틈이
나의 시간을 누리세요

많은 부모님들이 자녀의 발달이 느리다는 걸 인지한 순간부터 아이만을 위한 삶을 살기 시작합니다. 내 아이 발달의 결정적 시기를 놓치지 않기 위해서 말이지요. 육아 휴직을 최대한 사용하고 주변에 육아를 도와줄 만한 사람은 모두 투입되지요. 1년, 2년 정신없이 아이를 위해 살다 보면 어느 순간 과부하가 걸립니다. 지금이 아니면 안 될 것 같아서, 지금이 아니면 후회할 것 같아서 나를 버리고 가족과 아이를 위한 삶을 살기 시작합니다. 아이의 삶까지 책임져야 하는 당신은 이미 충분히 부모의 역할을 하고 계십니다.

그래서 부모님이 지치지 않는 환경을 만들어야 합니다. 발달센터와 집의 거리, 아이의 치료에 걸리는 시간을 고려하여 버겁지 않은 계획을 짜세요. 가족끼리 함께하는 시간이 중요하지만 꼭 모든 구성원이 하나로 뭉치지 않아도 괜찮아요. 때로는 다같이, 때로는 각자의 시간을 보내세요. 하루를 오롯이 다 쓸 수 있다면 좋겠지만 상황이 여의치 않다면 주말 2~3시간 혹은 퇴근 후 차 안에서 나의 시간을 틈틈이 가져 주세요.

부모님 개인의 삶을 포기하지 마세요. 공부, 취미, 휴식을 포기하지 마세요. 아로마, 영양제, 젤리, 문구류처럼 소소하지만 힐링할 수 있는 아이템을 이용해도 좋고 산책이나 명상을 하는 것도 환기가 될 수 있습니다. 틈틈이 휴식을 취하고 자기를 돌봐 주세요. 자기를 잘 돌보는 부모가 자녀도 잘 돌볼 수 있습니다.

TIP. 엄마 아빠 들여다보기

맞벌이 부모는 바쁜 일상에서 아이와 함께할 수 있는 짧은 순간들을 찾아내는 것이 중요해요. 가능하면 규칙적이어야 아이도 안정감을 느낄 수 있답니다. 부모님은 자신의 스트레스를 관리하고 틈틈이 자기 돌봄의 시간을 누려야 합니다. 자기 돌봄은 마라톤 같은 육아를 지치지 않게 만드는 필수 항목입니다.

4장

치료의 출발선, 어떻게 시작할까요?

병원과 발달 센터 고르기

발달이 느린 아이를 키우다 보면 여러 가지 질문을 맞닥뜨립니다.
어디서 정보를 얻어야 하는지, 어느 발달 센터와 병원이 좋은지,
좋다고 소문이 난 곳은 왜 그렇게 대기가 긴지,
기다리는 동안 우리 아이의 발달이 더 늦어지는 건 아닌지....

"누가 좀 알려 주면 좋겠어요."

이 책은 아이의 발달로 고민하는 부모님의 시름을
조금이라도 덜어 주고자 쓰기 시작했습니다.
아이를 위해 어떤 길을 어떻게 나아가면 좋을지 고민하며
그 길을 함께 걷고자 합니다.

첫걸음은
영유아 발달 검사부터

　내 아이, 그렇게 느려 보이지도 않는데 진단을 꼭 받아야 하나 싶다가도 제 연령에 학교에 입학할 수 있을지 걱정이 밀려옵니다. 그뿐인가요. 치료를 시작해도 확신과 의심을 반복하게 되지요. 치료 프로그램은 무엇부터 시작해야 할지, 지금 다니고 있는 발달 센터에 계속 다녀도 괜찮을지 매번 선택의 연속입니다. 아이를 잘 키우기 위해 이 모든 것을 홀로 결정하고 감당하는 것은 참 외로운 일이에요.

　이 책을 쓰게 된 결정적인 이유도 현장에서 부모님들을 만나면서였습니다. 저희 역시 답답함을 경험했거든요. 아이의 상태를 어떻게 설명해 드리면 좋을지, 어떤 가이드들이 필요할지 고민했

습니다. 발달이 느린 아이를 위한 안내 지도가 있으면 좋지 않을
까 하고요.

아이를 위해 무엇부터 시작해야 할지 막막한가요? 가장 먼저
할 일은 내 아이가 시기별로 어떤 특성을 보이는지 살피고 앞으
로 어떤 지원이 필요할지를 파악하는 것입니다.

영유아 건강 검진
시기를 절대 놓치지 마세요

발달 센터에 오시는 부모님들 중 가끔씩 아이의 퇴행이 의심되
어 찾아오는 분들이 계십니다.

"우리 아이는 돌이 될 때까지 정상이었어요. 한 단어 정도 말도
했고요. 그런데 3살쯤 되니까 갑자기 퇴행한 거예요."

이런 분들은 스스로의 양육 태도를 반복적으로 검열하고 죄책
감을 가지기도 합니다. 그러나 발달 퇴행 현상은 10명 중 2~3명
꼴로 발달이 지연되거나 장애를 진단받은 아이들에게서 관찰됩
니다.

아이를 더 세심히, 전반적으로 관찰해 주세요. 단순히 언어가 출현했다고 해서 아이가 36개월이 될 때까지 낙관적으로 기다리기만 하는 것은 위험한 행동입니다.

우리나라는 국민건강보험공단에서 정기적으로 영유아 건강검진을 받을 수 있어요. 아이의 건강 증진을 도모하고 아이가 건강한 미래 인적 자본으로 성장하도록 지원하는 사업이지요.

국민건강보험공단 영유아 건강검진

건강검진		구강 검진	
구분	실시 시기	구분	실시 시기
1차	생후 14~35일		
2차	생후 4~6개월		
3차	생후 9~12개월		
4차	생후 18~24개월	1차	생후 18~24개월
5차	생후 30~36개월	2차	생후 30~36개월
6차	생후 42~48개월	3차	생후 42~48개월
7차	생후 54~60개월	4차	생후 54~60개월
8차	생후 66~71개월		

출처: 국민건강보험공단 건강iN

이 검사는 생후 14일부터 71개월까지 월령별로 총 12회(4차례 구강 검진 포함)를 본인 비용 부담 없이 받을 수 있습니다. 현재 아이의 발달에 문제는 없는지 객관적으로 판단할 수 있는 기회이므로 이때를 잘 활용하시는 게 좋습니다. 문진 및 진찰, 신체 계측, 건강교육, 발달 평가 및 상담으로 설계한 맞춤형 검진 프로그램인 만큼 정해진 시기 내에서만 검진을 받을 수 있으니 때를 놓치지 않는 것이 중요합니다. 아이의 발달이 걱정되는 분이라면 반드시 영유아 건강검진을 통해 매년 아이의 발달을 체크해 보세요.

문항 작성 시 주의할 점

문진표와 발달 선별 검사지는 주 양육자가 직접 작성합니다. 이 검사지를 작성할 땐 아이를 객관적으로 평가해야 합니다. 만약 아이가 이미 할 수 있는 능력을 갖추었는데도 아직 부족한 것 같다고 생각해서 '아니오'에 체크하거나, 실제로는 아직 할 수 없는 일인데 우연으로 한두 번 한 것을 가지고 '이미 하고 있다'에 체크한다면 검사 결과가 엉뚱하게 나올 수 있어요. 비율적으로 아이가 약 60~70% 정도 수행하는 모습을 보이면 '예'에 체크해 주세요.

영유아 발달 검사, 그 이후는?

"발달 검사를 받았는데 아이가 또래보다 느리다고 해요. 병원을 가야 하나요, 발달 센터를 가야 하나요?"

아이를 키울 땐 이것을 기억해 주세요. 아이가 아플 땐 소아과를, 아이의 발달이 느릴 땐 소아 발달 전문가를 찾아가야 한다는 것을요. 병원과 발달 센터 어느 곳을 방문해도 괜찮습니다. 각각의 특성을 고려하여 내 아이에게 더 잘 맞는 곳을 찾아가면 돼요. 이제부터 두 기관의 특성과 차이를 알려 드리겠습니다.

TIP. 내 아이 들여다보기

영유아 건강검진을 확인하고 싶다면 공단 홈페이지에 들어가 보세요.

※ 공단 홈페이지(https://www.nhis.or.kr)→인증서 로그인→건강iN→가족건강관리→자녀(영유아)건강검진정보→문진표/발달선별 검사지 작성

※ 모바일 앱(The건강보험)→인증서 로그인→전체메뉴→건강iN→자녀 건강(검진)→문진표 및 발달선별검사지 작성

어디로
찾아가야 하나요?

[병원] 편

아이의 발달을 평가하기 위해 방문해야 하는 병원은 '소아 발달 전문의'가 있는 곳입니다. 만약 아이가 주기적으로 다니는 병원이 있다면 그곳의 소아과 선생님과 먼저 상의해 보아도 좋습니다. 소아 발달 전문의가 있는 병원에 대한 정보는 '대한소아청소년정신의학회'나 '대한소아청소년과학회' 홈페이지에서 확인할 수 있습니다. 주변 지인, 친척, 가족에게 정보를 얻을 수 있다면 그들의 추천을 참고해도 좋습니다. 주변인에게 추천을 받으면 어느 정도 신뢰를 바탕으로 선택한 곳이기 때문에 부모가 치료를 빠르게 추진하게 된다는 장점이 있습니다.

병원 후보를 찾았다면 인터넷에서 해당 병원의 정보를 탐색하세요. 병원을 다녀온 사람들의 이야기를 참고하면 부모의 고민과 맞는 병원인지 아닌지 판단할 수 있어요. 보통 병원은 홈페이지나 전화로 방문 예약을 하는데요. 전화를 걸었을 때 수화기 너머로 느껴지는 직원들의 태도도 병원을 결정하는 요인이 될 수 있어요. 병원은 장기적으로 이용해야 하는 곳인데, 소통할 때마다 아이와 부모에게 불안감을 유발하는 환경은 아무래도 피하는 것이 좋겠지요.

병원에 도착하면
어떤 일들이 일어나나요?

병원을 방문하면 바로 평가가 이루어지지는 않고 우선 초기 상담을 진행합니다. 의료진이 먼저 부모와 상담하면서 아이에 대한 보고를 듣고 난 뒤 아이에게 필요한 신체적, 신경학적, 심리학적 평가를 계획하게 될 것입니다. 이때 의료진에게 아이의 발달 상황과 특이점을 명확하게 설명해 주시고 이전 치료 기록이 있다면 알리는 것이 중요합니다. 그러므로 병원을 방문하기 전에 부모는 아이의 발달 기록, 이전 진단서와 치료 계획서 등 참고 자료를 준비하는 것이 좋겠지요. 또한 진료 전에 궁금하거나 확인하고 싶은 사항을 미리 작성해 가면 상담이 더 수월하게 진행될 수 있습니다.

병원에서는 아이의 현재 발달 상황에 따라 필요한 검사를 결정합니다. 이때 아이 연령에 따라 검사가 달라질 수 있는데요. 영유아는 주로 언어, 인지, 사회 및 정서 발달이 포함된 전반적인 발달 검사를 진행합니다. 베일리영유아검사$^{Bayley\ scales\ of\ infant\ development}$, 영유아언어발달검사^{SELSI}, 감각프로파일검사$^{Sensory\ Profile}$, 자폐스펙트럼검사$^{ADOS,\ ADI-R}$ 등이 있으며 어떤 검사를 진행할지는 병원마다 조금씩 다를 수 있어요.

부모 초기 상담이 끝나면 평가 날짜와 시간을 다시 예약합니다. 빠른 평가를 위해 병원에서 평가가 가능한 날로 맞추는 경우가 있지만, 이왕이면 아이의 컨디션이 좋은 시간으로 예약하면 좋아요. 잠이 오는 시간, 배고픔을 느끼는 시간에 평가를 진행하게 되면 아이도 부모도 힘들어질 수 있거든요. 평가를 진행하는 날에는 아이의 컨디션을 최대한 편안하게 만들어 주세요. 아이마다 낯선 환경에 반응하는 모습이 다르겠지만 우선 아이에게 평가가 진행되는 상황을 간단하게 설명해 주는 것이 좋습니다.

"오늘은 선생님과 놀이도 하고 여러 가지 활동을 할 거야."

병원에 일찍 가서 아이가 환경에 적응할 수 있는 시간을 마련하는 것도 좋습니다. 이때 아이가 좋아하는 간식, 장난감, 책 등을 챙겨 주세요. 아이가 낯을 가리거나 힘들어할 때 유용하게 사용할 수 있어요.

병원마다 평가하는 방식이 조금씩 다를 수 있지만 병원에 가면 잘 설명해 줄 테니 안내를 듣고 진행하면 됩니다. 평가가 끝나면 결과 상담 날짜와 시간을 예약합니다. 보통 결과 상담은 1~3주 정도 후에 진행됩니다.

평가 결과를 바탕으로 치료 계획을 세워요

검사 결과를 통해 아이의 발달이 현재 정상인지, 느린지, 혹은 다른 이상이 있는지 알 수 있습니다. 아이의 발달이 느리다면 어느 부분이 느린지, 발달에 영향을 미친 요인이 무엇인지 파악하고, 앞으로 아이에게 맞는 적절한 양육 방식은 무엇인지에 대해서도 들을 수 있어요. 결과 상담 날에는 가능하면 아이 없이 부모님만 참석하기를 권합니다. 부득이한 상황이 아니라면 주 양육자 모두 참석하고, 다른 양육자가 있다면 동석해 주세요. 평가 결과에 대해 궁금한 점을 그 자리에서 물어볼 수 있어 좋고, 누군가를 통해 듣기보다 의사 선생님의 말을 직접 듣는 것이 오해의 소지를 줄일 수 있기 때문입니다. 또 결과 상담은 양육자가 소속감, 책임감을 느끼며 더욱 적극적으로 양육에 참여하게 되는 효과가 있습니다.

의료진은 평가 결과를 바탕으로 개별화된 치료와 지원 계획을 세우고 관련 가이드를 제공합니다. 아이마다 발달이 다른 이유도 겪는 어려움도 제각각이기 때문에 내 아이의 발달 지연 원인을 찾는 것이 중요한데요. 원인을 찾으면 그 분야의 의료진을 찾기가 수월해집니다.

쉽게 이해하는 진단과 평가의 과정

일정 예약하기 ▶ 병원 방문 ▶ 초기 상담 ▶ 선별 검사

중재 계획 ◀ 판별 ◀ 진단 ◀ 전반적 평가

대학 병원이나 종합 병원은 개인 병원이나 전문 병원의 소견서가 필요할 수 있습니다. 대학 병원이나 종합 병원에 방문할 예정이라면 전화로 예약하면서 필요한 서류를 확인해 보세요.

병원에 소속된 발달 센터의
좋은 점과 생각해 볼 점

이런 점이 좋아요

1. 의료 보험 혜택을 받을 수 있어요

병원은 의료 보험이 적용되기 때문에 치료비 부담이 줄어들 수 있어요. 단, 개인 보험의 경우는 가입한 보험사에 개별적으로 문의한 뒤 질병 코드와 적용 여부를 직접 알아보아야 합니다.

2. 약 복용이 필요한 경우 의사가 약을 처방해요

병원에 소속된 발달 센터에 가면 주기적으로 담당 의사 선생님을 만나게 됩니다. 만약 내 아이에게 약 처방이 필요하다면 주기적으로 의사 선생님과 아이의 상태를 파악하면서 어떤 약을 사용하면 좋을지 상의할 수 있습니다.

3. 긴급 상황 시 대처가 빨라요

종합 병원에는 다양한 의료 전문가가 모여 있기 때문에 진단과 치료가 종합적으로 이루어집니다. 긴급 상황 시에 의료 지원을 신속하게 받을 수 있다는 장점이 있지요.

이런 점은 생각해 봐야 해요

1. 대기가 길어요

병원에 따라서는 예약을 하고 초기 상담을 진행하기까지 몇 개월 이상 기다려야 하는 경우가 종종 있습니다. 그런데 발달 문제는 조기 개입이 중요해서 대기가 너무 길면 치료의 골든타임을 놓칠 수 있어요. 이런 경우 종합 병원 한 곳만 예약하고 기다리기보다 개인 병원, 전문 병원 등 아이에게 맞는 병원을 다방면으로 알아보고 선택하는 것이 좋습니다. 큰 병원의 예약을 기다리면서 다른 병원의 문도 두드려 보세요.

2. 의사마다 다른 치료를 권할 수 있어요

의사마다 본인의 기준에 따라 프로그램을 권유하기 때문에 어떤 분은 언어 치료를, 어떤 분은 놀이 치료를 권할 수 있습니다. 그러므로 부모님은 치료적 개입과 프로그램을 다양하게 알아보는 열린 자세가 필요합니다. 진료를 받을 땐 의사 선생님의 설명을 잘 듣고 이해되지 않는 부분은 꼭 질문해서 적극적인 치료 계획과 최적의 선택을 할 수 있어야 합니다.

3. 진료 기록이 보관돼요

병원에서 진료를 하면 진료 기록이 생겨요. 진료 기록은 본인, 미성년자의 경우 법정 대리인만 열람이 가능합니다. 진료를 받은 뒤 보험금을 청구했다면 다음에 다른 보험을 가입할 때 까다로운 절차를 밟아야 할 수도 있어요.

어디로
찾아가야 하나요?

[발달 센터] 편

발달 센터에는 발달 심리학자, 언어 치료사, 감각 통합 치료사, 놀이 심리 상담사, 인지 치료사 등 영역별로 훈련을 받은 전문가들이 있습니다. 이러한 전문가들은 자기 분야의 평가와 치료를 담당하기 때문에 발달 센터에 방문하면 인지, 언어, 사회, 정서, 감각 등 분야별로 특화된 서비스와 평가를 제공받을 수 있어요.

발달 센터에서도 평가를 마친 후 아동에게 개입해야 할 치료 프로그램과 목표를 설정합니다. 보통은 각 영역의 전문가 1명과 아동 1명이 지속적으로 정해진 시간에 만나 상담 혹은 치료를 받습니다. 상담이나 치료를 받는 기간은 아이마다 천차만별입니다.

발달 센터에 도착하면
어떤 일들이 일어나나요?

먼저 치료 영역별로 아동을 위한 평가를 진행합니다. 아이의 발달에 신경학적 어려움이 보일 경우 더 정확한 판단을 위해 병원의 검사를 권할 수도 있습니다. 발달 센터에서는 평가를 통해 아동에게 필요한 치료적 목표를 세우고 개입 전, 개입 후 아동의 변화를 살펴볼 수 있어요.

무엇보다 내 아이의 현재 발달 수준에 따른 맞춤형 교육을 받을 수 있습니다. 최근에는 가족이 함께 참여하는 코칭 프로그램이 많이 생겼는데요. 이를 통해 부모가 아이의 발달을 위해 도움을 줄 수 있는 실질적인 방법들을 배울 수 있어요. 아이의 발달을 촉진하기 위해서 어떻게 놀아 줘야 하는지, 일상생활에서 아이를 어떻게 돌보면 좋은지를 구체적으로 알 수 있어요. 또한 부모 상담 시간에는 내 아이에 대한 이해를 높이면서 부모의 지친 마음까지 치유받을 수 있답니다.

코칭 프로그램의 장점은 아이에 대한 이해가 높아진다는 데 있습니다. 전에 몰랐던 아이의 특성과 이해할 수 없었던 말과 행동의 원인을 알 수 있게 되거든요.

다만 발달 센터는 의료 보험이 적용되지 않아서 비용 부담이 병원보다 클 수 있습니다. 만약 지원받을 수 있는 지역 사회 서비스나 그룹 서비스가 있다면 활용하는 것이 좋습니다. 이러한 서비스는 거주 지역의 주민 센터에 문의하면 됩니다. 서비스를 받기 위한 조건, 서류, 신청 기간을 꼼꼼히 살펴보세요. 일부 발달 센터의 경우, 병원과 협력하여 서비스를 제공하기도 합니다.

어떤 발달 센터를
선택해야 할까요?

발달 센터를 선택할 때 고려해야 할 중요한 기준들이 있습니다.

전문가의 자격과 경험이 갖추어졌나요?

가장 기본이면서 가장 중요한 부분입니다. 센터에 소속된 전문가들이 각 분야에 적절한 자격을 갖추었는지 확인해야 합니다. 자격증을 가지고 있는지, 해당 분야의 학위를 전공했고 졸업했는지, 졸업 후에도 지속적으로 수련을 받고 있는지, 자문가나 수퍼바이저가 있어서 그 분야에 훈련을 받고 있는지, 최신 정보를 꾸준히 업데이트하는지 점검하는 것이 좋습니다.

자격만큼 경험과 경력도 중요하기 때문에 발달 지연 아동 상담과 치료 경험이 풍부한 전문가인지 확인합니다. 물론 경험이 많다고 무조건 내 아이와 잘 맞는다고 볼 수는 없으니 아이와 부모와의 소통이 원활한지, 서로에게 잘 맞는 관계인지도 살펴보아야 합니다.

종합적 평가와 맞춤형 계획이 있나요?

아이의 상태를 지속적으로 평가하기 위한 다양한 평가 도구, 평가자가 있는지 확인합니다. 내 아이에게 맞는 치료 계획을 세우고 주기적으로 조정하는 유연한 시스템을 갖추었는지 문의하면 좋아요.

부모 교육과 가정 연계가 잘 이루어지나요?

부모 교육 프로그램을 제공하고 부모가 자녀의 치료 과정에 적극적으로 참여할 수 있도록 장려하는지 확인합니다. 아이가 치료실에서 배운 것은 일상에서도 연습할 수 있어야 해요. 그래야 아이가 일반화된 기준을 효과적으로 사용할 수 있어요. 이러한 이유로 가정에서 적용할 수 있는 치료 방법과 전략을 제공하는지 확인해 보아야 합니다.

시설과 환경이 안전한가요?

발달 센터의 시설이 안전한지, 아이들이 편안하게 느낄 수 있는 환경인지 확인합니다. 치료에 필요한 장비와 자원(아이에게 필요한 맞춤형 장난감이나 도구)이 구비되어 있는지 확인합니다.

의사소통이 원활하게 이루어지나요?

내 아이의 치료 진행 상황을 알려 주고 정기적인 피드백을 제공하는지 확인합니다. 치료사와 부모 간의 원활한 의사소통이 가능한지, 질문이나 걱정에 대해 신속하고 명확하게 답변해 주는지 확인합니다.

평판이 괜찮은가요?

지역 사회에서의 평판이 어떤지, 다른 부모들이 추천하는 곳인지 확인합니다. 온라인 리뷰나 직접 방문한 주변인의 후기를 참고하여 센터의 신뢰성과 효과를 평가합니다.

접근성과 비용이 괜찮은가요?

위치가 가정이나 학교에서 접근하기 좋은지 확인합니다. 아무리 좋은 발달 센터라도 거리가 너무 멀면 꾸준히 치료받기가 힘들 수 있어요. 특히 영유아는 그날의 컨디션에 따라 치료에 영향을 많이 받기 때문에 접근성이 용이한지를 따져 보아야 해요.

치료비가 합리적인지, 보험이 적용되는지를 확인하고 비용 대비 혜택이 충분한지도 따져 봅니다.

발달 센터를 선택할 땐 앞서 이야기한 것들을 종합적으로 고려하는 것이 좋습니다. 이 기준들을 바탕으로 내 아이에게 가장 적합한 발달 센터를 선택하여 효과적인 지원과 치료를 받을 수 있도록 해 주세요.

TIP. 내 아이 들여다보기

병원과 발달 센터를 선택할 때 가장 중요한 기준은 바로 전문가의 자격, 경험, 경력입니다. 해당 영역에 자격을 갖춘 전문가인지, 전문가가 된 후에도 멈추지 않고 계속 공부하고 연구하는지, 내 아이의 상태를 어떻게 보고 진단하는지, 어떠한 목표와 방법으로 치료적 접근을 하는지 꼼꼼히 따져 보아야 합니다.

다양한 치료 프로그램
VS
한 분야의 전문성

발달 센터를 고를 때 특정 분야를 전문적으로 다루는 곳을 다닐지, 통합적으로 다루는 곳을 다닐지 고민하는 분들이 계십니다. 사실 이 부분은 부모의 선택입니다. 둘 다 장단점이 있기 때문이에요.

한 분야의 전문성을 내세운 곳

한 가지 영역만 집중적으로 다루는 곳은 개입이 빠르게 이루어지고 부모가 해야 할 과제를 보다 명확하게 알 수 있습니다. 다만 발달 센터마다 추구하는 가치관과 커리큘럼이 달라서 부모의 가치관과 맞지 않을 경우 혼란스러울 수 있어요. 이러한 경우에는 부모가 생각하는 가치관과 양육관을 솔직하게 공유하는 것이 좋습니다.

다양한 치료 프로그램이 있는 곳

언어 치료, 작업 치료, 놀이 치료, 인지 치료, 미술 치료 등 다양한 치료 프로그램이 있는 곳은 통합적인 지원이 가능하다는 장점이 있어요. 통합 지원이란 각 분야의 전문가들이 내 아이의 발달을 위해 목표와 개입 수준을 조율하는 '사례 관리'가 이루어진다는 의미이기도 해요. 그러나 간혹 부모와 맞지 않는 전문가가 있을 수 있고 내가 원하는 시간을 고르지 못할 수 있습니다.

다양한 치료 프로그램이 있더라도 통합적 사례 회의를 하는 곳이 아니라면 재고해 보는 것이 좋습니다. 다양한 프로그램이 있는 곳을 가는 이유 중 하나는 사례 회의를 통해 내 아이를 통합적으로 이해하고 아이에게 필요한 지원을 각 전문가들이 나눠 접근할 수 있기 때문인데, 전문가들끼리 소통이 이루어지지 않는다면 다양한 프로그램이 가진 장점도 무색해지기 때문입니다.

잠깐! 이런 병원과
발달 센터는 피하세요

1. 소통이 명확하지 않은 곳

'우리 아이에 대해 제대로 설명해 주지 않아서 답답하다'는 생각이 들면 병원과 발달 센터에 충분한 설명을 다시 요청할 수 있습니다. 그럼에도 질문에 명확한 답변을 하지 않거나 성의 없는 진료가 이루어진다면 다른 곳을 고려해야 합니다. 특히 아이와 눈높이에 맞지 않는 소통을 하거나 아이의 현재 감정을 고려하지 못하는 병원, 발달 센터는 피하는 것이 좋습니다.

2. 순식간에 이루어지는 진료와 치료

'진료를 제대로 받은 것 같지 않다', '빨리 처리하려고 서두르는 것 같다'는 느낌이 드는 곳 역시 피하는 게 좋습니다. 발달 치료는 아이의 상태를 매번 면밀하게 관찰하고 점검하는 것이 중요한데 표면적으로 보기만 하는 듯한 진료는 신뢰하기 어렵겠지요.

3. 내 아이에 대한 이해가 부족한 곳

아이의 특수한 상황과 요구를 잘 이해하지 못하는 것 같나요? 치료 방법이 너무 일반적이거나 예전 방식을 고수하는 곳은 내 아이와 맞지 않을 수 있습니다. 발달 치료는 아이마다 특성이 다르다는 점을 고려해야 합니다. 발달 지연 스펙트럼이 광범위한 만큼 문제 행동이 비슷하다고 모든 아이에게 동일한 치료 방식을 적용하는 것은 위험하지요.

4. 진료 기록과 상담 기록이 부실한 곳

아이의 진료 기록이 부실하거나 이전 기록을 소홀하게 대하는 병원은 중요한 정보를 잘 관리하지 못하는 곳일 수 있습니다. 기록이 부실하면 정보를 누락하여 전달할 수 있어요.

5. 진료비, 보험 처리가 원활하지 않은 곳

발달 치료는 장기전이 될 수 있으므로 진료비를 최대한 정확히 아는 것이 중요합니다. 진료비에 대한 설명이 부족하여 예상치 못하게 큰 비용이 청구되거나 과잉 치료를 강요하는 곳은 피하는 게 좋습니다. 또한 보험 및 사회적 지원에 관한 정보를 투명하게 제공하지 않는 곳도 신뢰하기가 어렵습니다. 치료가 시작될 때 정확한 치료 계획과 비용을 안내받으세요.

6. 최근 치료법의 업데이트가 부족한 곳

발달 치료는 최근까지도 많은 연구들이 이루어지고 있으며 새로운 정보를 꾸준히 익히고 배워야 하는 영역입니다. 그렇기 때문에 최신 연구나 의료 지식이 업데이트되지 않는 곳 역시 피하는 게 좋겠지요. 인간에 대한 이해는 평생의 공부가 필요합니다. 학교 혹은 학회에 소속되어 꾸준히 공부하는 의사, 치료사, 상담사가 있는 곳으로 가시기를 권합니다. 또한 그 분야를 전문적으로 공부했는지, 수련을 받았는지도 중요합니다. 병원이나 발달센터에 방문했을 때 그 분야의 전문가로 자신을 명확하게 소개하는지도 중요합니다.

7. 치료 계획이 명확하지 않은 곳

진료와 치료의 방향성, 계획, 추후 관리가 명확해야 아이의 발달 치료가 원활히 진행됩니다. 다음 진료 일정이 뚜렷하지 않거나 가정에서 아이를 어떻게 관리해야 하는지 가이드를 제공하지 않는 곳은 계속적인 치료를 고려해 볼 필요가 있겠지요.

내 아이의 첫 치료,
어떤 장면이 펼쳐질까요?

"발달 센터에 방문하기 전에 뭘 준비해야 할까요?"

"궁금한 게 많은데 다 물어봐도 될까요? 반드시 물어봐야 할 질문이 있을까요?"

드디어 아이를 위한 본격적인 치료적 개입을 시작합니다. 그런데 무엇을 어떻게 준비해야 할지 모르겠다고요? 아이를 이해할 자료를 준비해 주세요. 지금부터 소개할 6가지 정보를 미리 정리해 두면 좋습니다. 이것을 공유하는 이유는 전문가가 아이에게 어떻게 접근할지, 어떤 치료 목표와 프로그램을 준비할지 결정할 때 참고할 수 있기 때문이에요.

전문가에게 공유하면 좋은
내 아이의 6가지 정보

1. 아이의 강점과 약점

아이의 강점, 약점, 이와 관련한 의료 정보를 준비해 주세요. 병원이나 발달 센터에서 평가받은 기록이 있다면 전문가와 공유해 주세요. 몇 년 전에 했던 평가 자료도 괜찮아요.

2. 아이의 감각적 특성

아이의 감각적 특성을 알면 치료에 대한 거부감을 줄이는 데 도움이 됩니다. 특히 영유아일수록 감각적 특성 정보는 중요해요. 시각, 청각, 미각, 후각, 촉각 중 내 아이가 예민하거나 둔한 부분이 있는지, 좋아하는 감각과 싫어하는 감각은 무엇인지 잘 기록해 두었다가 전문가에게 말해 주세요. 예를 들어 엄마의 작은 변화도 금방 알아차린다거나, 밖에 나갈 때마다 코를 막는다거나, 까끌한 감촉이 느껴지는 옷을 입지 못한다거나 하는 특성들이요.

전문가가 이를 미리 알면 아이가 싫어하는 요소를 제거해 적응하기 편한 환경을 조성할 수 있고 내 아이에게 맞는 감각 도구와 재료를 준비할 수 있어요.

3. 통증 반응

부모가 관찰한 아이의 통증 반응을 전문가에게 알려 주세요. 아이가 작은 상처에도 아파하는지, 세게 넘어져도 아파하지 않는지와 같은 정보를 기록해 주세요. 이러한 정보는 아이의 안전과도 직결됩니다. 아이가 느낄 불편감을 최소화한 안전한 치료 환경을 조성할 수 있기 때문이에요. 예를 들어 내 아이가 아픔을 잘 표현하지 못한다는 점을 전문가가 사전에 알고 있으면 아이를 더 세심히 살펴봐 줄 수 있어요.

4. 협응 능력

근육과 관절처럼 신체를 잘 움직일 수 있는지 살펴 주세요. 몸의 움직임을 어떻게 사용하는지, 연필을 어떻게 잡는지, 그림을 그릴 때 보이는 대로 잘 따라 그리는지, 블록을 잘 조립하는지, 공을 원하는 곳으로 보낼 수 있는지와 같은 정보를 알려 주세요.

5. 내부 수용 감각 정보

내부 수용 감각이란 인체 내부 기관의 특성을 말해요. 아이가 흥분했거나 잠에서 막 깼을 때 진정이 잘 안 되고 배변 가리는 일을 어려워한다면 각성 상태를 조절하는 데 어려움을 겪는 것으로 볼 수 있어요. 우리 아이가 배고픔을 잘 못 느끼거나 심장 박동이제자리로 돌아오는 데 오래 걸리지는 않나요? 이와 같은 내부 수용 감각 정보를 알려 주면 전문가는 아이의 자율신경계 상태를 이해하고 스트레스와 감정을 조절할 수 있도록 도울 수 있습니다. 영유아일수록 이 정보는 더욱 중요합니다.

6. 아이의 일상생활

아이의 일상생활을 공유하면 전문가는 아이가 처한 환경을 더 잘 이해할 수 있습니다. 아이가 누구와 시간을 많이 보내는지, 주 양육자는 몇 명인지 등을 알려 주세요.

내 아이의 치료
어떻게 진행될까?

첫 회기는 치료사에게도 너무나 중요하고 떨리는 순간이에요. 아이, 부모와의 첫 접촉이 이루어지는 만큼 준비할 것이 많지요. 치료사는 사전 정보를 꼼꼼히 읽어 보며 어떻게 첫 인사를 할지 고민하고 준비합니다. 아이와의 첫 만남은 치료사에게 별같이 빛 나는 순간이랍니다.

발달 센터에 따라서 초기 평가를 진행하는 선생님과 본격적인 치료와 상담을 담당하는 선생님이 다르기도 해요. 이런 경우에는 초기 평가에서 아이에게 필요한 치료적 접근을 파악하고 알맞은 치료자를 배정하기도 합니다.

자, 그럼 이제부터 아이를 만나러 가 볼까요?

1. 만남 전, 서류를 통해 아이 파악하기

치료사는 먼저 아이의 초기 면접지와 평가지를 확인합니다. 초기 면접지에 질문이 너무 많은가요? 다 이유가 있습니다. 바로 아이를 종합적으로 이해하기 위해서예요. 태내기부터 출생 당시의 환경, 수면과 감각 정보, 배변 훈련 상황, 가정환경의 변화, 이전에 받은 치료적 개입까지 한 사람이 살아온 이야기와 발달적 과업을 꼼꼼하게 살펴보며 준비 운동을 합니다.

그다음 이러한 정보를 토대로 아이와 처음 만날 치료실 환경을 구성합니다. 처음 인사할 때 가깝게 다가갈지 떨어져서 인사할지, 목소리를 크게 낼지 작게 낼지, 말을 천천히 할지 빠르게 할지, 앉아서 만날지 서서 만날지 등을 정하기도 해요. 그래서 전문가는 만남 전, 부모에게 아이의 정보를 확인할 수 있는 서류를 요청할 수 있어요.

2. 부모와 함께 치료 목표 설정하기

첫 회기에서 치료사는 부모와 함께 치료 목표를 설정합니다. 부모가 원하는 목표가 있는지 묻고, 원하는 목표가 많다면 지금 아이에게 가장 필요한 것부터 우선순위를 정합니다. 목표를 정했다면 어떻게 달성할 것인지에 대한 안내가 시작돼요. 예를 들어 눈맞춤을 포함한 원활한 상호 작용을 목표를 정했다면 치료자는 눈맞춤의 중요성을 설명하고 어떤 프로그램을 진행할 것인지 계획과 방법을 안내합니다. 필요에 따라 프로그램이 적힌 안내문을 제공하기도 합니다. 부모는 이러한 과정을 통해 치료에 대한 이해를 높일 수 있습니다.

때로는 치료자가 설정한 목표와 부모가 원하는 목표가 다를 수 있어요. 이런 경우에 치료자는 지금 아이에게 가장 필요한 주 호소 문제를 이야기하고 해결 방법을 안내할 거예요. 상담 시 주 호소에 대한 부분이 꼭 다루어져야 하므로 치료자의 의견을 고려해 보시기를 권합니다.

3. 아이에게 맞는 환경과 치료 찾기

치료사는 아이의 발달 수준을 고려하여 치료적 접근법을 선택합니다. 대체로 발달이 느린 아이들은 너무 많은 장난감이 있으면 치료사의 말에 집중하지 못하고 장난감만 만지며 산만한 상태가 되기도 합니다. 어떤 자극에 집중해야 할지 혼란을 겪기 때문인데요. 이런 상황을 방지하기 위해 아이에게 맞는 치료 환경을 미리 조성합니다. 책상과 의자, 조명, 색상까지 아이에게 맞는 것으로 준비하고 장난감이나 놀이는 아이가 좋아하면서 아이에게 꼭 필요한 자극들로 구성합니다.

미리 환경을 조성하더라도 아이를 직접 만나면 아이에게 필요한 부분을 좀 더 명확하게 알 수 있어요. 그래서 라포(신뢰와 친밀감)를 형성하는 평가 상담 회기에서 아이를 파악하는 시간을 갖습니다.

4. 부모 상담 시간

부모 상담 시간에는 가정에서 아이와 할 수 있는 놀이를 교육받고 과제를 받기도 해요. 과제는 아이의 하루 일과, 아이가 좋아하고 싫어하는 것, 일주일 동안 있었던 에피소드를 적는 것부터 부모 스스로를 칭찬하기, 치료사와 함께했던 활동 집에서 해 보기 등이 있어요. 과제는 부모의 성향, 양육 스타일, 심리 상태를 살펴보며 충분히 해낼 수 있는 것들을 내 주기 때문에 너무 부담 갖지 않아도 괜찮습니다. 또한 부모 상담 시간에는 부모가 가진 어려움을 허심탄회하게 털어놓을 수도 있답니다.

전문가에게 내 아이에 대한 정보를 구두로 전달하기 어렵다면 글로 작성해서 부모 상담 시간에 전해 주세요. 아이에 대한 정보는 많을수록 좋습니다. 평가지 결과로 아동을 파악하지만 그것이 전부는 아니기 때문이에요. 그래서 전문가는 아이와 직접 만난 뒤 평가를 다시 분석하기도 한답니다.

전문가와 좋은 협력 관계를
유지하는 법

솔직한 태도로 임하기

전문가와 소통할 땐 항상 개방적이고 정직한 태도가 중요해요. 아이의 상태를 솔직하게 이야기하고 궁금한 점이나 걱정을 자유롭게 나누어 주세요. 치료에 대해 헷갈리는 점이나 불안하고 흔들리는 마음을 공유하는 것도 좋습니다. '언제쯤 종결할 수 있을까?', '선생님은 나와 목표가 같을까?', '내 아이의 치료 목표를 어디까지 생각하고 있을까?' 등 어떤 질문도 괜찮아요. 부모가 열린 마음으로 치료에 임하면 전문가도 아이에게 필요한 치료를 더 잘 제공할 수 있어요.

전문가의 지침 잘 따르기

전문가의 지침을 신뢰하고 꾸준히 실천하면 아이의 치료에 큰 도움이 됩니다. 가능하면 전문가가 제안한 가정 활동을 잊지 않고 실천해 주세요. 만약 해당 과제가 지금 가정의 상황과 맞지 않거나 버겁게 느껴진다면 의견을 이야기해 주세요. 실천 가능한 대안을 찾아가면 되니까요.

적극적으로 피드백하기

아이의 어떤 부분이 개선되고 있는지, 어떤 부분은 여전히 어려움이 있는지 전문가에게 알려 주면 치료 계획을 더 나은 방향으로 조정할 수 있어요. 질문하고 더 많은 정보를 요청하는 일을 두려워하지 마세요. 아이의 치료 과정에 대해 충분히 이해하는 것은 중요합니다. 치료 목표를 명확히 이해하고 아이와 함께 목표를 달성하기 위해 노력해 주세요. 부모가 적극적일수록 아이도 활동적으로 변하고 치료 효과도 높아집니다.

약속 시간 잘 지키기

치료 일정을 엄수해 주세요. 시간에 맞춰 아이를 데려가고 필요한 준비물을 잊지 않고 챙기는 등 치료에 협조하면 전문가와의 관계도 좋아져요.

전문가에게 감사 표현하기

전문가, 부모, 아이는 치료적 관계를 맺고 있습니다. 치료적 관계란 신뢰와 이해를 바탕으로 형성된 특별한 관계예요. 치료 효과가 잘 나타나려면 치료적 관계를 맺은 이들을 믿고 존중하는 것이 중요해요.

부모가 어려움과 고민을 편안하게 이야기하고 긍정적인 피드백을 함께 전한다면 전문가도 이 관계를 더욱 공고히 여길 겁니다. 신뢰와 감사의 마음을 표현하면 전문가도 최선을 다할 수 있도록 동기 부여가 되며 치료적 관계는 더욱 안정됩니다. 부모의 적극적인 협조와 따뜻한 관심은 아이의 건강한 발달에 큰 힘이 된답니다.

치료비용은 얼마나 들까요?

"그래서 발달 치료는 비용이 얼마나 들까요?"

발달 치료를 시작할 때 많은 부모님들이 고민하는 부분이 바로 치료비용입니다. 비용을 책정할 때 어떤 요소를 고려해야 하는지, 비용이 부담될 때 어떤 방법을 사용할 수 있는지를 명확히 알기 어렵지요. 또 발달 치료에는 언어 치료, 물리 치료, 작업 치료, 놀이 치료, 감통 치료 등 다양한 치료가 있습니다. 치료를 일주일에 한 번만 받아도 될지 아니면 매일 받아야 할지, 하나의 치료에 집중하는 게 좋을지 아니면 2~3개 치료를 함께 받는 게 좋을지 고민이 되지요. 아이를 위해서라면 전부 진행하고 싶지만 비용이 부담되는 것도 사실입니다.

치료비용을
결정하는 요인들

치료비용은 보통 세션당 책정이 됩니다. 한 세션은 보통 40~50분입니다. 치료의 종류, 빈도에 따라 다르지만 보통 세션당 5~20만 원 정도가 들고 주 1회에서 많게는 4~5회까지 다양한 치료를 진행합니다. 숙련된 치료사일수록 비용은 높지만 대신 아이에게 더 적합한 치료를 제공할 가능성이 높습니다. 치료 기관의 위치도 비용에 영향을 미치는데 대도시일수록 비용이 높을 가능성이 있습니다.

비용이 부담될 경우 비용을 절감할 수 있는 방법을 알아보면 좋습니다. 만약 병원에 방문할 예정이라면 보험이 적용되는지, 건강 보험이 치료비용을 얼마나 커버하는지, 추가 보험 플랜이 있는지 확인해 보세요. 그러려면 각 보험 회사에 연락해서 내가 원하는 치료를 보장하는지 알아보는 수고가 필요하겠지요.

정부나 지방자치단체에서 제공하는 바우처, 발달 치료 지원 프로그램도 확인하면 좋아요. 지역 주민 센터, 도서관 같은 공공기관에서 진행하고 있는 발달 프로그램이 있는지, 비영리 단체나 자선 단체에서 지원을 받을 수 있는지 확인합니다. 아이의 학교에 문의해 볼 수도 있습니다. 일부 교육 기관에서는 발달 치료 서비스를 무료 또는 저렴한 비용으로 제공하기도 해요.

언제까지
부담해야 할까?

그렇다면 치료비용은 아이가 몇 살이 될 때까지 투자되어야 할까요? 발달 치료는 아이의 개별적인 상황에 따라, 생애주기에 따라 목표가 달라지기 때문에 많은 비용이 요구되는 게 현실입니다.

생애주기에 따른 기준을 살펴보면 일반적으로 영아기(0~3세)부터 청소년기(12~18세)까지를 생각할 수 있습니다. 각 연령별로 중점을 둬야 하는 부분이 달라질 수 있고, 조기 개입이 중요한 시기에는 더 많은 치료비용이 투자될 수 있습니다. 아이가 성장하면서 정기적인 평가를 통해 치료의 지속 여부를 결정하세요.

영아기(0~3세)는 조기 개입이 가능한 시기로, 장기적으로 발달에 긍정적인 영향을 미칠 수 있습니다. 이 시기에 반드시 발달해

야 하는 기본적인 언어 능력, 신체 운동 능력, 인지 능력의 발달
을 지원하는 치료를 진행하게 됩니다.

유아기(3~6세)는 사회적 상호 작용과 학습 능력이 발달하는 시
기입니다. 그러므로 사회성과 언어 인지 발달을 촉진하는 치료가
개입됩니다. 보통 영유아기는 아이가 급성장하는 시기이기 때문
에 치료 빈도가 잦습니다. 폭발적으로 발달할 수 있는 결정적 시
기를 놓치지 않기 위해 여러 치료사가 팀을 이뤄 통합 치료를 하
는 경우도 많습니다.

아동기(6~12세)는 학교생활을 준비하는 시기입니다. 이때는 정
서적 안정, 학습 능력 향상, 사회적 기술 능력 향상을 목표로 치
료 빈도를 정하게 되지요.

청소년기(12~18세)는 자아 존중감과 독립적 생활 기술 습득, 진
로 탐색, 대인 관계 기술 향상에 도움이 되는 치료를 지원합니다.

아이는 각자 다른 속도로 자랍니다. 그렇기 때문에 안타깝게도 "선생님, 저희 아이는 언제 치료가 끝날까요?"라는 물음에 명확한 대답을 드릴 수가 없어요. 중요한 것은 '내 아이에게 맞는' 치료 프로그램을 찾는 것입니다. 정기적인 평가를 통해 아이에게 맞는 방법을 찾아 나가다 보면 언젠간 치료를 종결해도 괜찮은 시기가 찾아올 겁니다.

치료를 시작했으니
이제 끝인가요?

    루미 엄마는 언어가 느린 루미가 언어 치료만 받으면 모든 것이 해결될 것이라 생각했습니다. 하지만 주 2회 언어 치료만으로는 안 된다는 사실을 부모 상담 시간에 알게 되었습니다. 루미는 일상에서도 치료실에서 배운 활동을 열정적으로 연습해야 했어요.

    그 이후 루미의 가족은 주말마다 함께하는 시간을 가졌습니다. 언어 치료 선생님과 했던 다양한 놀이와 대화법을 가정에서 반복하며 루미의 언어와 사회성을 키워 갔습니다. 그 덕분에 루미는 치료실 밖에서 더 많은 단어를 배웠고 사회적인 상호 작용도 개선될 수 있었습니다.

아이의 치료는 일상에서도
계속되어야 합니다

아이에게 필요한 치료를 시작하셨나요? 그렇다면 여기까지 오는 데 많은 노력을 기울이셨을 겁니다. 사실 치료를 선택하고 실행하는 것만 해도 진이 빠지는 과정입니다. 그래서일까요. 발달센터에 찾아가 치료를 시작하고 나면 부모는 한발 물러나고 싶은 마음도 듭니다. 그러나 사실 부모님도 잘 알고 계실 겁니다. 아이를 위한 치료를 시작했다고 해서 모든 문제가 해결되지는 않는다는 것을요.

가정에서도 치료 프로그램을 연습해요.

아이가 치료 선생님과 했던 활동을 가정에서 연습하는 시간이 필요합니다. 한두 번 했다고 숙달이 되기는 쉽지 않아요. 반복을 통해 내 것으로 만드는 과정이 필요해요. 그래야 배운 것을 삶에 접목할 수 있는 힘이 생기거든요.

가정에서 치료실에 있는 것과 비슷한 장난감과 도구를 구비해 아이 눈에 잘 띄는 곳에 놓아 주세요. 집에 오면 언제든지 치료실에서 했던 놀이를 연습할 수 있도록 환경을 만들어 두는 것입니다. 부모님은 치료사만큼 전문적인 반영은 아니더라도 아이와 긍정적인 대화를 시도하며 모델링을 보여 주세요. 이렇듯 아이가 배운 것을 활용하는 과정은 자신감을 기르는 데에도 도움이 될 거예요.

지칠 땐 스스로를
토닥여 주기

아이의 발달과 성장을 위해 부모님들은 지치는 줄 모르고 버텨 오셨을 겁니다. 그러나 부모도 인간이라 한계가 있습니다. 치료실만 다녀도 일주일의 에너지가 전부 소모되지요. 그만큼 치료를 다니는 것 자체가 힘든 과정이기에 치료만이라도 꾸준히 받게 하면 부모로서의 역할을 다했다고 생각하기도 해요. 그것으로 위로를 받기도 하고요.

1년, 2년 프로그램에 참여한 아이 중에는 하루에 2~3가지의 치료를 받는 경우를 많이 볼 수 있어요. 언어 치료가 끝나면 놀이 치료를 받고, 감각 통합 치료가 끝나면 언어 치료를 받는 식으로요. 그 시간이 부모의 유일한 쉬는 시간이 되기도 합니다. 이런 아이의 부모 중에는 이미 준전문가가 되어 어떤 치료가 있고 그

것은 어떤 식으로 진행되는지 꿰고 있는 경우가 많아요. 그만큼 아이의 발달 시기를 놓칠세라 앞만 보고 달려왔기에 오랫동안 자신을 돌볼 겨를이 없었을 겁니다.

발달이 느린 아이를 키우는 것은
기나긴 터널을 지나는 것과 같습니다.

부모들은 대개 아이가 발달이 느리다는 것을 알고 난 뒤 충격을 받습니다. 나에게 왜 이런 일이 벌어졌는지 믿기 힘들고 앞으로 어떻게 해야 할지 몰라 두렵습니다. 그러나 곧 휘몰아치는 감정과 생각을 뒤로한 채 오직 아이를 위해 행동합니다. 어떤 전문기관을 찾아가야 하는지부터 어떤 평가와 치료가 아이에게 맞을지를 고민합니다. 치료 프로그램을 받기 위해 일정을 조정하며 아이를 데리고 다닙니다. 이렇게 아이의 치료에 온 에너지와 시간을 쏟고 난 뒤에 한 번씩 찾아오는 생각이 있습니다.

'이 시간이 도대체 언제 끝날까?'

많은 길을 지나 여기까지 오셨습니다. 아이의 발달도 부모로서의 발달도 긴 여정이었을 거예요. 도착지가 어디인지, 얼마나 더

가야 하는지, 아이가 성인이 되고 나서도 부모의 역할이 남아 있는지 아무도 알 수 없고 장담할 수도 없습니다. 끝을 알 수 없는 긴 터널을 지나는 기분일지도 모릅니다.

그러니 지칠 땐 부모님 자신을 안아 주세요. 나 자신을 충분히 토닥여 준 뒤, 발달 중인 우리 아이에게 또 한 발자국 다가가 보기로 해요.

TIP. 내 아이 들여다보기

아이의 치료 과정은 긴 여행을 떠나는 것과 같아요. 여행을 하다 보면 지치기도 하고 계획대로 되지 않을 때도 있으며 길을 잃기도 하지요. 그렇기 때문에 부모는 자신을 돌보며 지친 마음을 달래 주는 시간을 가져야 합니다. 마음을 달랜 뒤에는 치료실에서 배운 내용을 가정에서 아이와 함께 연습하며 긍정적인 변화를 눈으로 확인해 보세요.

5장

아이의
그릇을 키우는
놀이 치료의 힘

놀이 치료

인간은 자기 그릇의 한계를 모릅니다.
다만 스스로 그 한계를 정할 뿐이지요.
아이들 역시 자신이 누구인지,
자신의 능력이 어디까지인지 알지 못합니다.

발달이 느리다고,
한계가 보인다고,
아이에게 마침표를 찍지 마세요.
세상 모든 아이들은 별과 같습니다.
빛나기 위해서는 시간과 사랑이 필요한 법입니다.

'놀이 치료'라는
이름이 가진 오해

"놀이 치료, 그냥 노는 것 아닌가요?"

"아이가 어릴 땐 했었어요. 그런데 이렇게 큰 아이도 하나요?"

놀이 치료를 장난감으로 노는 것, 놀이의 확장 정도로 생각하는 분들이 많습니다. 그러나 놀이 치료는 엄연한 심리 상담 프로그램이에요. 놀이를 통해 아이가 언어로 표현하지 못한 내면까지 이해하고 발달에 필요한 부분을 촉진하는 '치료'입니다. 놀이와 장난감은 아이들과 소통하는 창구가 되어 주는 것이지요.

발달이 느린 아이에게 놀이 치료가 꼭 필요하냐고요?

네, 발달이 느린 아이에게 놀이 치료는 필수입니다.

놀이 치료는
꼭 놀이 심리 상담사와 해야 하나요?

놀이 치료는 크게 두 가지 기법이 있습니다. 첫 번째는 아동의 정서를 중심으로 다루는 기법, 두 번째는 발달을 촉진시키는 데 중점을 둔 기법이에요. 후자가 바로 '발달 놀이 치료'입니다. 발달이 느린 아이는 놀이 심리 상담사와 함께 놀이 치료를 통해 내가 누구인지, 지금 뭘 하고 있는지, 왜 사람과 소통해야 하는지를 알게 됩니다. 발달을 촉진하는 '상호성'이 생기는 과정이지요.

놀이 치료를 꼭 놀이 심리 상담사와 진행해야 하는 이유가 있습니다. 놀이 심리 상담사는 전문적으로 훈련을 받은 사람입니다. 또한 놀이 치료실은 아이에게 필요한 환경으로 구조화되었어요. 중립적이고 객관적인 시각으로 아이를 바라볼 수 있기에 가정에서 발견하지 못한 문제까지 파악할 수 있지요. 물론 일상을 함께하는 부모가 아이를 더 민감하게 살펴볼 수 있지만 가족이기 때문에 아이의 현재 상태를 객관적으로 보기 어려울 수도 있어요. 그래서 부모는 내 아이에 대해 가장 잘 알면서 동시에 잘 모르는 존재가 되기도 해요.

아이는 구조화된 놀이 공간에 있는 놀이 심리 상담사와 관계를 맺습니다. 처음에는 나에게 다가오는 낯선 타인을 귀찮게 느끼기도 하고 아예 관심조차 없어 피해 다니기도 하지요. 그렇지만 아이는 점점 놀이 심리 상담사에게 마음을 열게 됩니다.

'이 사람, 나를 좀 아는 것 같아.'

어떤 사람과 나 둘만의 소통을 '주관적 상호 작용'이라고 말해요. 아이는 놀이 심리 상담사와 깊은 주관적 상호 작용을 경험하게 됩니다. 나를 아는 사람과의 소통은 무척 신나는 일이에요. 흥미와 호기심이 생기고 편안함까지 경험한다면 아이는 머지않아 놀이 치료 시간을 기다리게 될 겁니다.

아이는 놀이 치료를 통해 '내가 이렇게 행동할 때 상대방이 이렇게 반응해 주니 기분이 좋다'는 느낌을 온몸으로 경험하게 됩니다. 세상에 이런 사람도 있다는 사실을 눈으로 직접 보고 피부로 직접 느끼며 안심합니다. 이렇듯 세상이 안전하다는 것을 확인하면 뭐든 해 보려는 자신감도 생기지요. 자연스럽게 정서적으로 안정되고 호기심과 탐구심도 키우게 됩니다. 이러한 경험은 아이가 건강하게 자라기 위한 필수 사항이에요. 그래서 놀이 치료 전문가인 놀이 심리 상담사와 치료를 진행해야 하는 것이에요.

아이를 균형적으로 바라보는
놀이 치료의 힘

놀이 치료를 진행하면 아이의 언어적, 비언어적 특성을 빠르게 알아챌 수 있습니다. 그러면 아이에게 필요한 부분을 민감하게 촉진해 줄 수 있습니다. 예를 들어 아이가 가만히 앉아 있는 이유가 엄마가 뭘 하는지 보고 있기 때문이라면 아이에게 그러한 자신의 상태를 알려 주는데요. 이것을 '반영'이라고 합니다. 놀이 심리 상담사는 아이의 감정을 반영해 주기도 합니다. 이러한 반영을 트래킹^{Tracking}이라고도 하는데요. 아이의 놀이를 따라가고 관찰하는 과정을 의미해요. 놀이 치료에서 트래킹은 아이와 함께 감정의 산을 오르는 과정으로 볼 수 있어요. 놀이 심리 상담사는 아이가 겪고 있는 감정이나 문제를 탐색하며 아이가 안전하게 나아갈 수 있도록 돕는 역할을 하지요. 불안이 높은 아이에게 두려움이라는 감정을 읽어 주는 동시에 이면에 있는 욕구도 표현할 수 있도록 말입니다.

"무섭지만 해 보고 싶구나."
"깜짝 놀랐지만 다시 보고 싶기도 하는구나."

이렇듯 자신의 상태를 알아차리게 하는 반영은 아이가 자신의 욕구와 감정을 잘 표현하도록 합니다. 아이가 하는 행동의 의미를 알아챈 뒤 이를 적절하게 표현할 수 있도록 돕는 것이지요.

사람은 다양한 부분들이 통합된 복잡한 유기체입니다. 나이가 어릴수록 발달은 균형적으로 이루어져야 해요. '언어가 느리면 언어 치료만 받으면 되지', '신체 발달이 느리면 체육 수업을 더 받으면 되지'라고 단순히 생각할 일이 아니에요.

그래서 놀이 심리 상담사는 아이의 상태를 전반적으로 평가합니다. 아이에게 진행한 검사나 평가 결과를 보며 현재 필요한 부분을 체크하고 동시에 놀이 평가를 통해 아이의 발달 수준을 확인합니다. 놀이를 하면서 눈맞춤은 잘 되는지, 운동 및 활동 수준과 조작 협응 능력은 괜찮은지, 신체 발달은 얼마나 되었는지 등을 따져 보지요.

TIP. 내 아이 들여다보기

놀이 치료는 아이가 놀이 심리 상담사와의 관계를 통해서 자신을 이해하고 조절해 보는 경험이에요. 좋아하는 것, 싫어하는 것, 안정되는 것을 깨닫고 사람끼리의 소통이 재미있다는 것을 알게 하는 첫술입니다. 한마디로 사람과 어떻게 놀고, 어떻게 소통하며 지내야 하는지 알려 주는 활동인 셈이에요.

하고 싶은 게 너무 많은
윤아 이야기

20개월 된 윤아는 발달에 영향을 줄 만큼 예민하고 느린 기질의 아이였어요. 낯선 사람과 장소를 무서워했고 언어 발달과 신체 발달도 또래보다 느렸지요. 걱정이 많이 되었지만 저는 부모로서 희망을 가지고 놀이 치료를 시작했습니다.

윤아는 발달 놀이 치료를 받기 시작했습니다. 놀이 심리 상담사 선생님은 다양한 활동을 통해 윤아에게 이 세상이 안전하다는 것을 알려 주었어요. 윤아는 조금씩 주변을 탐색하기 시작했습니다. 그때부터 놀이 치료 시간은 윤아가 원하는 것을 마음껏 해 볼 수 있는 시간이 되었습니다.

상담사 선생님은 윤아가 스위치 끄는 것에 관심을 보이면 방에 있는 모든 스위치를 다 끄게 했습니다. 윤아가 물을 틀어 보고 싶어 하면 물을 틀 수 있도록 격려했습니다(놀이 치료에서 이러한 행동은 허용된 범위 안에서만 이루어집니다. 아이가 반복적으로 집착하는 상황과는 다릅니다). 전부 집에서는 못 하게 했던 행동이었지요. 저는 아이가 스위치를 *끄고* 싶어 할 때 왜 그러는지 이해가 되지 않았고 아이가 물을 틀면 바닥에 쏟아진 물을 닦느라 바빴어요.

높은 곳에 올라가고 싶어 하면 위험하니까 못 하게 했습니다. 매번 저를 힘들게 하는 아이에게 화가 나서 아이를 다그치기도 했습니다. 그런데 상담사 선생님은 의자를 활용하여 두 발로 안전하게 올라가는 방법을 알려 주면서 윤아를 바로 뒤에서 지켜보았어요. 그 모습에서 이런 마음이 느껴졌습니다.

'뭐든 해 봐. 여긴 안전해. 넌 뭐든지 할 수 있어.'

상담사 선생님은 윤아가 감각이 너무 예민한 아이라 세상을 무서워했는데 이제는 세상이 무서운 곳이 아니라 궁금한 곳이 되었다고 설명해 주셨어요. 저는 그제야 윤아의 행동들이 이해되기 시작했어요.

저는 집에서 상담사 선생님의 방식을 따라 해 보기로 했어요. 윤아가 스위치를 켜고 싶어 하면 스위치를 켤 수 있도록 번쩍 들어 올려 주었지요. 그러자 윤아가 저를 멀뚱멀뚱 바라보았습니다. 윤아의 눈빛이 꼭 이렇게 말하는 것 같았습니다.

'엄마, 왜 내가 원하는 걸 다 해 줘요?'

정말 잊을 수 없는 순간이었습니다. 그 이후로 윤아는 놀이 시간이 되면 목적을 가진 눈빛으로 저를 바라보고, 원하는 것을 손으로 가리키고, 말로 표현하기 시작했어요. 아이가 뭔가를 하려고 하면 늘 방해하고 저지했던 엄마가 이제는 자신이 원하는 모든 것을 지지해 주는 사람이 된 덕분이었어요.

그때부터 윤아의 발달은 정말 빠르게 진행되었어요. 윤아는 자신이 원하는 것을 실컷 해 보면서 점차 자신감을 얻어 갔습니다. 저와 윤아는 놀이 치료를 통해 많은 성장을 이뤄 낼 수 있었답니다.

아이의 자아를 깨우는
발달 놀이 치료

놀이 치료의 기법은 여러 가지가 있습니다. 그중 발달이 느린 아이에게는 '발달 놀이 치료' 기법을 많이 시도하고 있습니다. 브로디^{Brody}는 문제 행동을 제거하는 기존의 행동 치료에서 발달 놀이 치료^{Developmental play therapy} 기법을 발전시켰습니다. 즉, 발달 놀이 치료는 발달 문제를 가진 아이들을 위한 심리 치료 기법인 셈입니다.

발달 놀이 치료의 핵심은 존재^{Presence}와 친밀감^{Intimacy}입니다. 발달이 느린 아이는 자신에 대한 자각이 부족한 경우가 많아서 지금 내가 어떤 행동을 하고 있는지, 그걸 왜 하고 있는지, 이 행동이 어떤 결과를 초래하는지 잘 알지 못합니다. 자신의 행동에 대한 책임감과 목표 의식이 없는 것이지요. 그러다 보면 내가 어떤 사람인지조차 모르게 됩니다.

이런 아이들에게 자신과 타인을 인식하고 감정과 의사를 표현하는 방법을 가르쳐 주는 것이 바로 발달 놀이 치료입니다. 그래서 이 치료에는 심리 치료, 교육, 훈련이 모두 포함되어 있습니다. 아이의 정서를 다룰 뿐 아니라 아이에게 다른 선택지가 있음을 교육하고 반복적으로 훈련할 필요가 있기 때문이에요.

아이의 세계로 들어가는 발달 놀이 치료의 힘

발달 놀이 치료의 최종 목표는 놀이를 통해 아이의 발달을 촉진하는 것입니다. 발달 놀이 치료의 기본 가정은 '아이 스스로 대처 능력을 갖지 못한다면 치료자가 직접 개입하여 아이의 적응과 상호 작용을 돕고 따뜻하고 건강한 접촉을 통해 자신을 건강하게 내세우도록 돕는 것'입니다. 발달 놀이 치료는 아이가 처한 상황에 따라 다양한 방식으로 진행하는데요. 처음부터 환경을 구조화하기도 하고, 아이를 자유롭게 놀게 한 뒤에 적극적으로 개입하며 놀이를 확장하기도 합니다.

발달 놀이 치료를 좀 더 구체적으로 살펴볼까요? 우선 부드러운 목소리와 민감한 알아차림으로 아이와 몸 놀이, 감각 놀이, 상상 놀이를 하며 긍정적 상호 작용을 합니다. 눈맞춤이 어려운 아이에게는 "눈 봐"라고 지시하는 것이 아닌 '눈 깜빡 인사하기', '눈 뽀뽀'와 같은 신호를 만들어서 주고받아요. 몸과 마음이 경직된 아이와는 '마사지 놀이', '포옹하며 노래 부르기' 같은 활동을 하며 몸을 인식하고 조절하는 연습을 합니다. 몸을 움직이는 동작을 확장하면 운동 능력과 균형 감각도 기를 수 있습니다(장애물 경주, 터닝 보드, 기차놀이, 손 탑 쌓기, 따라 하기 놀이, 숨바꼭질 등). 하나의 놀잇감으로 다양한 놀이를 하며 시각, 운동, 인지 능력의 향상을 돕기도 합니다.

이때 놀이는 한 번으로 끝내지 않고 반복적으로 진행합니다. 새로운 놀이, 전에 경험한 놀이를 번갈아 하며 아이가 다양한 놀이에 능숙해지도록 돕는 거예요.

놀이를 진행하면서 아이와 다양한 의사소통 방법을 시도합니다. 예를 들어 아이에게 고개를 흔들며 "싫어" 하고 정확히 표현하는 모습을 보여 주면 아이는 거절하는 법을 습득할 수 있습니다. 이때 언어와 비언어적 행동을 연결하면 아이에게 표상이 만들어지는데요. 표상은 아이가 세상을 바라보는 머릿속의 그림으로, 생각이나 감정처럼 추상적인 개념을 상징적으로 표현하는 것을 말해요. 놀이 치료를 진행하면 이렇게 고차원적인 단계까지 나아갈 수 있습니다.

놀이를 통해 감각을 경험하고 정서를 주고받으면 감정을 다룰 수 있는 아이, 상호 작용이 잘 되는 아이, 충동을 조절하고 대처할 줄 아는 아이로 성장하게 됩니다. 놀이는 실생활에도 얼마든지 적용할 수 있습니다. 스스로 옷을 입거나 물건을 정리하는 등 아이가 습득해야 하는 행동을 놀이로 배우면 자립심도 길러 줄 수 있답니다.

TIP. 내 아이 들여다보기

발달 놀이 치료를 할 때 아이에게 편안한 환경을 조성합니다. 발달이 느린 아이는 작은 자극에도 쉽게 과민해지기 때문이에요. 처음부터 너무 많은 놀잇감을 준비하기보다는 아이가 받아들일 만큼만 준비하는 것이 좋습니다.

놀이 치료,
언제 종결해야 할까요?

놀이 치료를 시작하고 1~2년이 지나면 치료를 그만두는 경우가 많습니다. 지금 당장 내 아이가 말문이 트여야 할 것 같고, 몸을 더 잘 사용해야 할 것 같다는 생각에 다른 치료로 방향을 돌리는 것이지요(물론 이 부분도 중요합니다).

이론적으로 말하자면, 놀이 치료의 종결은 전문가와 기존에 설정한 목표를 이루었는지를 점검한 뒤 결정하면 됩니다. 섣불리 놀이 치료를 그만둬야겠다는 생각은 잠시만 멈춰 주세요.

아이들은 발달을 합니다. 우리 아이가 발달하면 다른 아이도 발달하고요. 어떤 아이는 빠른 속도로 자라서 금세 또래와 비슷한 수준이 되지만 어떤 아이는 자기만의 속도로 천천히 자라요. 아이들에게는 단계별로 수행해야 하는 발달 과업이 있어요. 이것은 아이가 자립할 수 있는 인간으로 성장하기 위해서 이루어야 하는 것들인데요. 놀이 치료는 각 발달 단계별로 촉진해야 하는 부분과 어떻게 상호 작용을 해 줘야 하는지를 알려 줘요. 아이가 자신의 생각, 감정, 행동을 조절하고 표현하는 법을 배울 수 있도록 말이지요.

그런데 섣부르게 종결하면 아이가 이전에 겪었던 어려움이 다시 나타날 수 있어요. 치료를 통해 성장하던 아이가 준비되지 못한 종결을 맞이하면 결국 아이와 부모 모두 혼란을 겪게 됩니다. 종결 시점을 고민하기에 앞서, 아이가 치료실에서 배운 것을 일상생활에서 사용하고 있는지, 전문가 없이도 문제를 해결할 수 있는지 점검해 보세요. 아이가 원활한 인간관계를 맺고 잘 소통하기 위해서는 나도 지키고 타인도 지키는 종결 준비를 해야 합니다.

놀이 치료 종결 전
꼭 확인해야 할 사항들

아이의 치료 목표가 달성되었나요?

눈에 띄는 발달적 점프가 일어나지 않더라도 놀이 치료가 주는 발달적 촉진은 아이에게 상당히 큰 영향을 미칩니다. 정기적으로 상담자와 연습하고, 확장하고, 강화하는 과정이 아이에게 매우 유의미하기 때문입니다.

아이가 자신에 대해 충분히 인식하고 있나요?

아이가 자신에 대해 얼마나 알고 있는지, 아직 더 배워야 할 표현이 있는지 살펴보세요. 사실 어른도 내 생각과 감정을 알아차리고 표현하고 조절하는 데 어려움을 겪어요. 이것은 평생의 숙제입니다. 발달이 느린 아이는 더 많은 연습과 모델링이 필요합니다. 아이가 종결 후에도 연습과 모델링을 충분히 할 수 있는 환경이 준비되었는지 확인해 주세요.

아이의 현재 발달 수준이 어떠한가요?

아이가 일상에서, 학교에서, 가정에서 적응하는 데 어려움은 없나요? 아이가 발달 과업을 달성했나요? 아이의 발달 수준과 적응 능력을 고려해 종결 시점을 정합니다.

아이의 현재 상호 작용 수준이 어떤가요?

지금 아이가 겪는 어려움과 감정을 다루어 줄 사람이 있나요? 또래와 소통에 문제가 없나요? 타인과 어떻게 소통해야 하는지,

상황마다 어떻게 말하고 행동해야 하는지 알려 주는 어른이 있다는 것은 너무도 중요합니다.

양육 코칭을 받을 수 있나요?

양육자는 주변에 내 아이에 대한 이야기를 털어놓을 사람이나 기관이 있는지 살펴야 합니다. 부모의 스트레스, 고민을 나눌 곳이 없다면 아이와 상호 작용을 할 때 영향을 미칠 수 있어요.

아이가 안전한 관계를 맺을 환경이 있나요?

놀이 치료는 기본적으로 관계를 쌓으며 진행됩니다. 나 아닌 타인과 소통하며 더불어 살아가는 법을 배울 수 있지요. 아이가 실수를 해도 틀린 단어를 말해도 괜찮다며 다독여 주는 곳이 있나요? 아이의 마음이 단단해지기 위해서는 격려와 칭찬을 받으며 사고를 확장하는 경험이 중요합니다.

충분한 훈련을 거쳤나요?

집 안이 아니라 집 밖에서 일어나는 상황에 대응할 수 있나요? 집 밖의 상황은 아무도 예측할 수 없습니다. 아이는 자신을 보호하는 방법을 배우고 반복적으로 훈련해야 합니다.

만약 아이가 발달 과업을 잘 진행하고 있고, 치료 목표도 달성되었다면 종결은 환영할 일입니다. 또한 아이에게 다른 치료가 꼭 필요한 상황이라면 더욱이 종결을 서둘러야겠지요. 하지만 이러한 이유가 아니라면 재고할 필요가 있습니다.

놀이 치료의 기간, 빈도는 아이마다 다릅니다. 1년이 될 수도, 10년이 될 수도 있어요. 단기 치료는 아이가 현재 가장 크게 겪는 어려움을 해결하는 데 집중하지만 장기 치료는 아이의 성장기 전반을 함께합니다. 놀이 심리 상담사는 영유아기에 치료를 시작한 아이가 초등학교에 입학해서 자신이 배운 사회적 기술을 활용하는 모습을 지켜보며 아이의 성장을 축하합니다. 사춘기가 되면 일상생활 지도, 성교육과 더불어 심리 상담이 진행되고 그 후에는 대학과 진로를 함께 결정해 나가기도 합니다.

놀이 치료는 협력 작업입니다. 부모와의 협력, 아이와의 협력, 세상과의 협력이며 이 모두는 결국 아이가 기꺼이 세상으로 나아갈 수 있도록 도와줍니다.

TIP. 내 아이 들여다보기

놀이 치료의 종결을 고려할 땐 '몇 년 했는지'보다 '현재 아이의 상태가 어떤지'를 먼저 체크해 주세요.

유치원부터 중학교까지
놀이 치료로 성장한 서준이 이야기

서준이를 처음 만난 건 아이가 7살이었던 겨울이었어요. 서준이는 책을 잘 읽고 한글도 스스로 뗄 만큼 언어 습득력이 뛰어났지만 자신의 감정이나 좋고 싫음을 분명히 표현하지 못했어요. 유치원에서도 주로 혼자 놀았고 친구들이 때려도 가만히 있었지요. 엄마에게 안기고 싶어도 안아 달라고 말하는 것을 어려워했고 행동도 망설였습니다. 엄마는 서준이가 왜 그러는지 알고 싶어서 발달 센터를 찾아갔어요.

서준이는 정서 발달과 사회성 발달이 또래보다 느린 아이였어요. 놀이 치료실에서 놀이 심리 상담사와 친해지면서 서준이는 점점 자신이 받아들이기 힘들었던 부정적인 감정들을 표현하기 시작했어요. 바닥에 장난감을 쏟고 놀이 심리 상담사에게 정리하라고 하거나, 집에 가야 할 시간에도 가지 않겠다고 실랑이를 벌였지요. "싫어", "안 해" 같은 말을 하기도 했어요.

초등학교에 입학하자 서준이는 학교에 가기 싫다는 말을 자주 하고 지각도 많아졌어요. 아이는 규칙과 통제를 받아들이기 힘들어 보였습니다. 엄마는 서준이가 화를 낼 때마다 "화가 났구나. 그랬구나" 하며 아이를 이해하려고 노력했지만 자신이 무엇을 어떻게 도와줘야 하는지 알 수 없었어요.

엄마는 부모 교육을 집중적으로 받기 시작했습니다. 아이가 솔직하게 감정을 표현할 수 있도록 격려하고 훈육하는 법을 배우고 아이에게 먼저 접촉하는 연습을 했어요. 친구들과 어색한 서준이를 위해 집에 친구를 자주 초대하기도 했고 서준이와 비슷한 또래의 자녀가 있는 가족과 주기적으로 만났어요.

소그룹으로 진행되는 학원에 등록해 서준이가 친구들과 소통할 수 있는 장을 마련했어요. 학원 공부가 끝나면 함께 노는 시간도 허락해 주었지요. 덕분에 서준이는 자주 만나는 친구들과 재미있는 경험을 할 수 있었어요.

서준이는 놀이 치료를 받았어요. 놀이 심리 상담사와 여러 놀이를 통해 정서 표현과 사회성을 키워 나갔지요. 인형 놀이로 자신의 판타지를 표현하는 법을 배웠고 신체를 활용한 놀이를 하며 타인과 접촉하는 방법을 익혔어요.

시간이 지나고 서준이는 점점 변화했어요. 어느 날부터는 학교에 지각하지도 않고 스스로 책가방을 챙기기 시작했어요. 또 친구들과 갈등이 생기면 양보도 하고 자기의 생각을 표현하는 모습도 보였지요. 고학년이 되고부터는 혼자서도 하루 일과를 척척 해냈고, 엄마가 친구를 초대해 주지 않아도 먼저 친구들에게 놀자고 말하며 다가갈 수 있게 되었어요.

서준이는 이제 중학생이 되었어요. 지금도 주기적으로 놀이 치료를 받고 있지만 전보다 빈도는 줄었어요. 2주에 한 번, 한 달에 한 번, 방학에만 오는 등 앞으로도 빈도를 조절해 나갈 계획이에요. 서준이는 이제 다른 사람과 소통하는 방법을 알아요. 자신의 감정을 표현할 줄 알고 상대방의 기분과 의도도 알아챌 수 있어요. 그리고 친구들과의 관계에서도 안정감을 느낄 수 있지요.
서준이는 이제 감정과 생각을 잘 표현하며 자신만의 이야기를 만들어 가고 있답니다.

양육자의 마음을 위로하는 부모 상담 시간

아이를 양육하는 방법, 다들 어떻게 찾고 계신가요? 아이의 정서를 다루는 것은 무척 중요한 일이지만 그만큼 중요한 것이 부모 자신에 대해 아는 일입니다. 부모의 정서 상태가 아이에게 큰 영향을 미친다는 것은 많은 연구 결과와 사례를 통해 알려져 있습니다. 부부 싸움 후 아이의 우울해 보이는 표정과 엄마를 더 찾는 모습은 정서적 지원이 얼마나 중요한지 깨닫게 합니다.

사람은 자신이 세운 기준과 가치관에 따라 살아가지만 삶이 매번 원하는 대로만 흘러가지는 않습니다. 우리가 겪는 어려움 중에는 말하자니 쪼잔해 보이고 혼자 삭이려니 답답한 마음이 드는 것들도 있는데요. 그중 하나가 아이의 양육 문제입니다.

놀이 치료의 장점은 아이뿐 아니라 부모도 함께 성장한다는 것입니다. 놀이 치료는 부모의 정서 상태까지 다루는 심리 치료에요. 부모 상담 시간을 갖는 이유는 부모가 아이 삶에 중요한 환경이기 때문입니다. 물론 부모 상담 시간이 한 사람의 인생을 다 다뤄 주지는 못하지만(이 부분은 성인 심리 상담사를 만나는 것이 더 효율적이고 안전합니다) 부모로서 스스로를 어떻게 잘 데리고 살지는 충분히 돌아볼 수 있어요.

부모의 삶을 공유하는 시간

발달 놀이 치료를 시작하면 치료사와 부모는 일주일에 2~3번 이상을 만나게 됩니다. 계약 관계이지만 아이를 잘 키우고자 하는 마음은 같기에 부모와 치료사는 한 팀을 이루지요. 부모는 치료사와 아이 이야기를 하며 울고 웃고 때로는 부모의 원가족 이야기를 하며 해소되지 않은 감정을 발견합니다.

놀이 심리 상담사와 상담을 진행하면서 부모는 그동안 아이를 양육하며 힘겹게 방어했던 부분을 내려놓을 수 있게 되지요. 이 때만큼은 경직되었던 정서가 이완되며 자신을 개방할 수 있습니다. 이 과정을 겪으면서 부모는 많은 정서를 경험하게 됩니다. 실제로 놀이 심리 상담사는 자격 취득 과정에서 부모 상담 훈련을 받습니다. 부모의 특성을 이해하여 아이와 더 잘 교감하도록 돕기 위해 말이지요.

현장에서 만나는 부모들은 상담 시간에 주로 아이에 대한 이야기만 합니다. 아이의 현재 상태는 어떤지, 오늘 치료는 어땠는지, 가정에서 해야 하는 숙제는 없는지 등등 모든 이야기의 주제가 아이입니다. 부모인 자신의 이야기는 없지요. 그러나 부모에게도 이야기가 필요해요. 자신을 돌보지 않은 채 오직 아이를 위해서만 달리면 부모도 넘어질 수밖에 없으니까요.

발달이 느린 아이를 키우는 부모는 매 순간 걱정과 좌절, 표현할 수 없는 어려움을 겪습니다. 그래서 상담사는 놀이 치료가 끝나고 부모 상담 시간에 이런 질문들을 합니다.

"아이의 어떤 부분이 이해가 되고 어떤 부분이 이해가 되지 않나요? 부모님과 닮은 부분이 있어 힘이 드나요? 아니면 다른 부분이 이해되지 않아 힘드신가요?"

"아이가 그런 모습을 보일 때 어머니는 어떤 생각, 어떤 감정이 드셨어요?"

"어머니는 이 부분을 무척 잘하고 있는데, 알고 계세요?"

"이번 주 어머니의 삶은 어떠셨나요?"

넘어지고 다쳐서 피가 나는지도 모르고 달릴 때, 잠시 멈춰서 부모의 상처를 어루만져 주는 것. 그것이 놀이 심리 상담사의 힘이라고 봅니다. 아이를 키우는 것은 장기적인 일이지요. 어쩌면 부모가 된 이상 죽을 때까지 내 삶에서 떼어 놓을 수 없을지도 모르고요. 그래서 부모에게 잠시 쉬어 갈 수 있는 힘을 주는 일은 중요합니다.

질투와 좌절은
자연스러운 감정입니다

아이가 느리다는 것을 직면한 대부분의 부모는 혼란과 좌절을 경험해요. '임신 중 내가 잘못한 일이 있었을까?', '아이를 낳는 환경에 문제가 있었을까?', '내가 그때 다르게 행동했다면 아이가 더 나아지지 않았을까?' 등 스스로를 질책하기도 합니다. 그 와중에 다른 가족과 갈등을 겪고 상처받은 마음으로 치료실에 오는 경우도 있어요. 이렇게 소진되고 소외된 부모에게는 쉴 곳이 필요합니다. 부모도 부모로서 유능감을 느끼고 싶은데, 그 욕구가 계속 좌절되면 당연히 심리적 내상을 입을 수밖에요.

치료 과정이 중기로 접어들면 부모가 놀이 심리 상담사에게 질투를 느끼는 경우도 있는데, 이는 정상적인 과정입니다. 집에서 내 말은 안 듣는 우리 아이가 선생님 말은 잘 듣고 선생님에게만 안아 달라고 하는 모습이 불편하기도 하지요. 이런 마음이 생긴다면 놀이 심리 상담사와 꼭 공유해 주세요. 질투를 느낀다는 것은 더 좋은 부모가 될 수 있다는 성장 신호거든요.

또 중간에 치료를 그만하고 싶은 마음이 드는 것도 자연스러운 과정입니다. 부모가 치료에 대한 마음이 흔들리는 것을 '저항'이라고 하는데요. 이 저항이 왜 생겼는지 함께 고민하고 끝까지 잡아 주는 것 또한 놀이 심리 상담사의 역할입니다. 놀이 심리 상담사는 아이와 부모에 대해 끊임없이 공부하고 훈련을 받습니다. 그래서 부모가 치료를 후회하고 포기하고 싶어 하는 마음 역시 이해하고 있어요.

발달 놀이 치료가 잘 진행되면 부모는 치료사와 아이의 상호작용을 일상생활에 적용할 수 있습니다. 부모는 언젠간 아이의 마음을 더 잘 이해하고 공감하며 상황을 객관적으로 판단할 수 있는 수준까지 성장하게 됩니다.

또한 아이의 아픔을 알아줄 뿐 아니라 부모 자신의 건강한 내적 작동 모델까지 발달하게 됩니다.

나는 부모로서 최선을 다하고 있어.

다른 사람들도 기꺼이 나를 도와줄 거야.

이러한 긍정적인 내적 작동 모델의 출현은 부모와 아이 모두 성장하고 있다는 뜻입니다. 치료가 잘 이루어졌다고 볼 수 있어요.

발달 놀이 치료는 부모와 치료사가 함께 하는 정서적 치료입니다. 양육의 어려움에 부딪혔을 때 제일 먼저 떠오르는 사람이 안전한 응원자인 치료사 선생님이라는 것이 치료의 핵심이지요. 우리는 그것을 '정서를 주고받는다'라고 표현합니다.

TIP. 엄마 아빠 들여다보기

미국 속담에 "부모는 나무와 같다. 그늘 아래에서 우리는 자란다"라는 말이 있어요. 아이를 위해 나무처럼 버텨야 한다니, 부모의 무게가 느껴집니다. 그런데 사실은 부모도 그늘이 필요합니다. 아이의 정서를 다뤄 주는 놀이 심리 상담사에게 부모로 살아가는 당신의 경험도 함께 나눠 주세요. 당신은 혼자가 아니에요.

"사실 저도 의지하고 싶어요"
준이 엄마 이야기

저는 준이를 키우는 엄마 진이라고 해요. 준이가 24개월쯤 발달이 느리다는 걸 알았어요. 준이는 또래보다 느린 게 많았거든요. 걷는 것도 느리고, 다리 근력도 약했고, 언어도 느렸어요. 감각까지 예민해서 로션 바르는 것도 싫어했고요.

준이는 이해할 수 없는 행동을 자주 보였어요. 길을 가다가 하수구 뚜껑이나 실외기의 구멍을 발견하면 그곳으로 달려가 모래나 돌을 집어넣었어요. 구멍을 발견할 때마다 다른 이야기는 들리지 않는 듯했어요. 저는 이런 준이의 행동을 고치기 위해서 약 6개월간 놀이 치료를 진행했지만, 한편으로는 자꾸만 아이의 언어 발달이 걱정되어 결국 놀이 치료를 그만두고 언어 치료와 재활 치료로 방향을 바꾸었습니다. 언어를 지금 잡지 않으면 안 될 것 같다는 초조함이 들었거든요.

그런데 준이가 40개월쯤 되자 언어 치료사와 재활 치료사 선생님이 준이에게 놀이 치료를 권하시더군요. 아이가 연령에 비해 눈맞춤도 적고, 관심사도 제한되어 있고, 사회성도 늘지 않는다고요. 사실 저는 그때까지도 놀이 치료를 왜 해야 하는지 잘 알지 못했어요. 그렇지만 다른 치료 선생님들이 모두 놀이 치료를 권했기에 저는 어쩔 수 없이 다시 놀이 치료를 시작했습니다.

치료 첫날, 저는 놀이 심리 상담사 선생님에게 솔직한 생각을 전했어요.

"사실 놀이 치료를 왜 해야 하는지 모르겠어요. 예전에 놀이 치료를 한 적이 있는데, 그것도 효과가 있었나 하는 생각이 들어요."

선생님은 제 말을 듣고 웃으며 놀이 치료가 무엇인지, 어떤 효과가 있는지 설명해 주시기 시작했어요. 그리고 본격적으로 놀이 치료가 진행되는 장면을 옆에서 지켜볼 수 있도록 준비해 주셨죠. 아이와 노는 방법을 옆에서 봐 두면 좋다고 하시면서요.

놀이 치료실에서 노는 준이는 정말 즐거워 보였어요. 선생님은 준이가 구멍에 장난감을 집어넣자, 자신도 똑같이 구멍에 장난감을 넣었어요. 선생님은 마치 아이가 주도한 놀이에 흠뻑 빠진 것처럼 보였지요. 그다음에는 이것과 비슷한 형태의 놀이를 다양하게 했어요. 그 모습을 보며 처음에는 이해하기 어려웠어요. '아이

가 꽂혀 있는 행동은 어느 정도 못 하게 해야 하는데, 왜 계속 비슷한 놀이를 가져오시지?'

선생님은 준이가 좋아하는 간식을 놀이에 이용하기도 했어요. 눈앞에 간식을 보여 주고 몸 곳곳에 숨기며 찾기 놀이를 하는데, 준이는 간식을 찾기 위해 선생님의 손에 집중하면서 말로든 행동으로든 간식이 있는 곳을 직접 표현하기 시작했어요. 이외에도 선생님은 로션을 싫어하는 준이의 발톱에만 로션을 묻힌다든지, 준이가 좋아하는 장난감에 로션을 묻히며 놀기도 했어요. 준이가 싫어하는 감각과 관련된 놀이는 최대한 직접 하지 않고 눈으로 먼저 보게 했고요. 준이가 신호를 주면 선생님이 대신 행동하기도 했어요. 그걸 보며 일상생활의 다양한 도구로 이렇게 놀 수 있구나 싶었어요.

선생님은 준이가 놀이 시간의 시작과 끝을 알 수 있도록 놀이실에 들어가면 정해진 자리에 먼저 앉아요. 놀이 치료를 시작할 땐 '안녕 안녕' 노래를 부르고 시간이 다 되었을 땐 '작은 별' 노래를 부르며 끝을 알렸지요. 노래로 시작과 끝을 알리니 아이도 금세 진정이 되는 게 느껴지더라고요. 선생님은 이런 작업을 통해 아이가 '조절'과 '표상'을 알게 된다고 했어요. 이곳에서 자신이 해야 하는 일이 무엇인지, 치료가 언제 시작하고 끝나는지 체득하는 것이지요.

아이가 떼를 부리면 선생님은 부드럽지만 단호한 태도를 보였어요. 처음에는 준이도 당황스러워했지만 치료한 지 2주가 지나자 선생님이 부르는 노래를 따라 부르며 즐거워하네요. 이제 준이는 매일 놀이 선생님을 보러 가자고 말해요. 너무 신기했어요.

놀이 시간이 끝나고 부모 상담 시간이 돌아왔어요. 선생님은 아빠와 아이를 잠시 대기실에 보내고 저와 둘이 이야기하자고 하셨어요. 준이의 현재 놀이 수준과 발달 상태에 대해 이야기하던 중 선생님은 갑자기 이런 질문을 하셨어요.

"요즘 어머니는 좀 어떠세요?"

그 말을 듣는데 눈물이 덜컥 났어요. 저도 생각보다 하고 싶은 이야기가 많았더라고요. 아이 아빠도 힘든데 나까지 힘들다고 말하기가 어렵다, 서로 양육 방식에 차이가 있을 때 어떻게 조율해야 할지 모르겠다, 복직을 해야 하는데 준이는 어떻게 해야 할지 모르겠다…. 나도 엄마가 처음인데, 사실 나도 의지하고 싶은데 이 마음을 누구에게 어떻게 말해야 할지 모르겠다는 말이 쏟아져 나왔습니다. 이렇게 나의 이야기를 털어놓은 적이 언제였을까요? 남편과 친정 엄마에게도 말하지 못한 속마음을 전부 선생님과 나눌 수 있어 속이 후련해졌어요. 눈물도 그간 참았던 만큼 흐르더라고요. 힘을 내야 한다고, 나는 지치면 안 된다고 매일 다짐했지만 사실 너무 힘들었거든요. 부모 상담 시간은 저에게 꼭 필요했던 것 같아요. 나의 이야기를 털어냈으니 이제 비워진 공간에 다시 에너지를 채워 힘을 내 보려 합니다.

6장

더 많은
치료 프로그램에
대하여

기타 치료

아이를 양육하는 일은
때로는 힘이 세야 하고,
때로는 능력이 있어야 하고,
때로는 잘 참고 견딜 줄 알아야 하는 것입니다.

그러니 아이를 키우고 있는 것만으로도
부모는 이미 강한 사람입니다.

내 아이의
치료 프로그램을 알고 싶어

"의사 선생님이 ABA 치료를 권하셨는데 그게 무슨 치료인지 잘 모르겠어요."

"누구는 언어 치료랑 감통 치료부터 하라고 하고, 누구는 놀이 치료가 가장 기본이라고 해요. 대체 누구 말을 들어야 하나요?"

우리 아이에게 어떤 치료가 잘 맞을지 궁금하시지요? 앞으로 어떤 치료를 받아야 하는지, 지금 받고 있는 치료가 끝나면 또 어떤 계획을 세워야 하는지 따질 것이 많습니다. 요즘은 치료가 세분화되었고 치료적 접근법도 다양하기 때문에 전부 알고 있기란 쉬운 일이 아닙니다. 또 어떤 치료를 먼저 할지, 병행할 치료가 무엇인지 사람마다 의견이 다를 수 있거든요. 인터넷에서 정보를 얻는다고 해도 무엇이 내 아이에게 적합하고 도움이 될지 가리기는 쉽지 않지요.

전문가를 찾아가더라도 가는 곳마다 말도 다르고 치료적 개입도 다를 수 있어요. 전문가마다 배운 것과 경험한 것이 다르고 치료 효과를 본 경험도 다르기 때문이지요. 그렇기에 내 아이에게 맞는 치료를 결정하려면 어렵더라도 부모가 먼저 어떤 치료가 있는지 간단하게라도 알아 둘 필요가 있어요.

한 가지 치료를 시작했다고 그 치료를 영원히 받아야 하는 것은 아닙니다. 막상 시작해 보니 내 아이와 안 맞을 수도 있고 더 나은 방향을 발견해 수정할 수도 있어요. 부모가 아이의 치료적 개입을 함께 시작하면 점차 아는 것이 많아질 거예요.

때로는 많은 시간과 지속적인 비용이 투자되어야 하는 경우도 있습니다. 이는 진단명, 아이의 특성, 환경에 따라 조금씩 다르지만 부모가 느끼는 부담은 클 수밖에 없습니다. 치료를 받은 모든 아이가 동일하게 최상의 결과를 얻는 것도 아니고요.

그렇지만 부모는 치료를 시작한다고 해서 모든 문제가 해결되는 것이 아님을 알아야 합니다. 치료는 복잡하고 장기적인 레이스입니다. 부모와 아이 모두에게 협력과 인내를 요구합니다. 그럼에도 치료적 개입을 하는 이유는 아이를 위해서겠지요. 아이의 잠재력을 꺼내 주고, 아이가 성인이 되었을 때 자신의 몫을 해내며 사회에 적응할 수 있는 기초를 마련해 주기 위해서요.

너무 걱정하지 마세요. 차근차근 알아보면 되니까요. 지금부터 내 아이의 치료를 결정하기 전, 어떤 치료가 있고 그 치료들의 특성과 진행 과정은 어떠한지 함께 알아볼까요?

TIP. 내 아이 들여다보기

발달 치료는 점차 세분화되어 가고 치료적 접근법도 다양해지고 있어요. 전문가마다 주요 분야가 다르기 때문에 권고 사항에도 차이가 있지요. 이렇게 정보가 많을수록 부모도 치료의 종류, 내용, 목표를 공부할 필요가 있습니다.

언어 치료

언어 치료란 말 그대로 언어 발달을 중점으로 둔 치료입니다. 언어와 관련한 신체 구조와 기능을 평가하고 치료해요. 언어 치료를 할 땐 해부학적 요소도 함께 살펴봅니다. 혀, 입술, 턱, 치아에 이상이 있다면 발음 문제가 발생할 수 있거든요.

먼저 '구강 근육의 기능'을 살펴요. 혀의 움직임, 입술의 조임, 턱의 위치는 정확히 발음하기 위해 중요한 역할을 합니다. 근육이 약해졌거나 비정상적인 움직임이 있으면 발음이 불명확해질 수 있어요.

그다음으로 '구조적 이상'도 평가합니다. 구개열(입천장 갈림)이 발생했는지, 상하 턱 교합에 문제가 있는지 파악합니다. 말할 때 혀와 입술의 움직임이 비정상적이면 발음이 부정확해질 수 있어요.

'신경 근육'도 살펴봅니다. 혀와 구강 근육은 특정 신경에 의해 지배됩니다. 신경이 손상되거나 기능에 이상이 있으면 근육 움직임에도 문제가 생겨 언어 발달에 영향을 줘요. 근육의 긴장도가 적절하지 않으면 이 또한 언어를 발음하는 데 영향을 미칠 수 있지요.

이외에도 호흡과 발성 문제는 없는지, 삼킴 장애로 인한 혀와 구강 근육의 움직임에 이상은 없는지, 말소리를 형성하는 구강구조와 신경 근육의 기능에 문제는 없는지, 청각적 피드백(자신의 목소리를 듣고 발음이 어떤지, 상대방은 어떻게 발음하는지 확인하는 것)이 이루어지는지 살펴봅니다.

상대방의 말을 알아듣고
내 의사를 표현하는 일까지

언어 치료는 언어와 의사소통 기술을 향상시키는 치료입니다. 인간은 언어를 통해 자신의 욕구와 의사를 표현합니다. 그래서 언어 발달이 늦되면 인지뿐 아니라 전반적인 발달이 늦어지는 경우가 많습니다. 그렇지만 표면적으로 잘 드러나기에 부모들이 좀 더 적극적으로 개입하게 되는 영역이지요.

앞서 말한 것처럼 언어 치료는 크게 '언어 이해력', '언어 표현력'을 향상시킵니다. '언어 이해력'은 상대방의 요구나 지시를 이해하여 언어적, 비언어로 소통하는 능력입니다. '언어 표현력'은 자신의 생각을 다양한 언어나 비언어로 표현하는 능력입니다.

아이는 내가 원하는 것이 있을 때 언어적 방식으로도 비언어적 방식으로도 소통할 수 있어요. 예를 들어 아이가 물이 마시고 싶을 때 말로 "물 줘"라고 할 수도 있고 손가락으로 물을 가리키며 "응응" 소리를 낼 수도 있어요. 요즘 아이들은 새로운 지식을 접하기 쉬운 환경에 살고 있어서 언어 표현력이 빠른 경우가 있어요.

하지만 언어 발달은 이해와 표현 두 가지 영역이 비슷한 수준으로 적절하게 발달하고 있는지 꼭 확인해야 합니다. 종종 아이의 표현력만 보고 이해력까지 높다고 착각하는 경우가 있습니다. 아이 입장에서는 이해는 못했지만 표현 방식을 모방하며 사용한 것뿐인데 부모가 그것을 아이가 직접 생각하고 한 말이라 착각하는 것이지요. 그러다 보면 아이가 이해할 수 없는 수준의 상호 작용을 시도하고 아이의 행동 목표를 높게 잡기도 해요.

주변 사람들도 아이를 대할 때 "할 수 있는 애가 왜 안 해?", "이 정도 말은 알아듣겠지" 하며 아이의 능력보다 높은 수준의 행동을 요구하고 지시하는 경향성이 있습니다.

이처럼 언어 치료는 구강구조의 움직임을 통해 발음하는 것부터 말을 이해하고 사용하는 것, 더 나아가 문장 구조를 개선하고 문법에 맞게 이야기하는 것까지 전반적으로 다룹니다.

언어 치료는 누가 하나요?

언어 치료를 전공하고 국가시험을 통과하여 언어 재활사 자격증이 있는 언어 치료사에 의해 제공됩니다. 언어 치료사의 정식 명칭은 언어 재활사입니다. 언어 재활사는 언어와 관련한 전문적인 훈련을 받는 사람으로 의료, 교육, 치료적 임상 경험을 가지고 있어야 합니다. 이들은 병원, 민간 발달 센터, 상담 센터, 학교, 연구소 등에서 언어 평가와 치료를 제공합니다. 언어 평가를 통해 아동의 언어 발달 수준을 진단하고, 아이에게 맞는 치료 계획을 세우고, 아이의 발달에 맞춰 언어 치료 훈련을 시작하지요.

언어 재활사의 치료를 받은 아이는 다른 사람이 쓰는 단어를 더 잘 이해하게 됩니다. 단어 이해 능력이 향상되면 자신의 의사를 표현하고 다른 사람과 적절하게 대화할 수 있는 준비가 된 거예요.

표현 언어가 미숙한 아이들은 말의 필요성부터 배웁니다. 자신의 요구를 상대방에게 표현해야 자신이 원하는 것을 얻을 수 있다는 것을 먼저 배우는 것이지요. 표현이 풍부해진 아이는 자신감이 높아지고 사회적 상호 작용도 좋아집니다. 이 과정에서 학습 능력, 주의 집중력도 좋아집니다.

언어가 느리면 언어 치료만 받으면 되나요?

언어가 느린 아이들 중에는 언어 치료만 해야 하는 아이도 있고 언어 치료로 충분하지 않은 아이도 있습니다. 즉 언어 발달이 느리다고 해서 단순히 언어 치료에만 집중하는 것은 충분하지 않을 수 있어요. 왜냐하면 언어는 사회적 상호 작용, 감각 통합, 신체 활동 등 다양한 요소와 연관되어 있기 때문입니다.

주희는 언어 발달이 느려 센터를 방문하게 되었고 언어 평가를 받았습니다. 그러나 결과는 뜻밖이었습니다. 주희는 언어 치료뿐 아니라 감각 통합 치료까지 필요하다는 소견을 받았습니다. 주희는 다양한 환경에 노출된 경험이 적었고 또래에 비해 신체 활용 능력 또한 부족했거든요.

주희의 부모는 주희와 함께 다양한 놀이를 하며 언어 발달을 촉진했습니다. 가정에서 해야 하는 놀이를 배워서 매일 저녁마다 주희와 함께 했지요. 놀이 중에는 다양한 단어를 사용하며 언어 발달까지 도왔습니다. 언어 치료와 감각 통합 치료를 동시에 시작하면서 주희는 다양한 감각 자극에 대한 반응을 개선하며 언어 치료의 효과도 극대화되었습니다.

작업 치료와
감각 통합 치료

작업 치료^{Occupational Therapy}와 감각 통합 치료^{Sensory Integration Therapy}는 모두 개인의 기능적인 독립과 삶의 질을 향상시키는 치료입니다.

작업 치료는 사람들이 자립적으로 살아갈 수 있도록 일상생활의 기능을 향상시키는 것을 목표로 해요.

감각 통합 치료는 작업 치료의 한 분야로, 우리 몸이 다양한 감각 정보를 받아들이고 효과적으로 처리하는 능력을 개선하는 치료입니다. 우리가 듣는 것, 보는 것, 냄새를 맡는 것, 맛보는 것, 감촉을 느끼는 것까지 잘 인식되고 처리되도록 도와주지요. 아이가 놀이 기구를 타거나 공놀이를 하는 것이 저절로 되는 게 아니에요. 뇌에서 보내는 여러 신호와 지시가 잘 처리되어야 내 몸을 마음대로 움직일 수 있거든요.

그럼 지금부터 몸의 기능과 관련된 두 치료를 더 자세히 알아볼까요?

작업 치료

작업 치료는 누가 받나요?

작업 치료는 주로 일상생활에서 기능적인 제약이 있는 아이가 받는 치료입니다. 발달 장애, 신경학적 손상, 정신 질환 등 아이의 상태에 따라 다양한 형태로 진행돼요.

작업 치료는 어떻게 진행되나요?

작업 치료는 '활동 중심 접근 방식'을 사용해요. 개인이 실제 활동(먹기, 옷 입기, 씻기 등 일상생활에서 수행하는 구체적인 활동)을 하기 위해 환경, 도구, 타인과 상호 작용을 할 수 있도록 돕지요.

예를 들면 아이스크림을 먹기 위해서(실제 활동) 숟가락이라는 도구를 활용해(도구와의 상호 작용) 입에 가져가 씹고 삼키는 과정(음식과의 상호 작용)이 필요하다는 것을 배우는 거예요.

놀이 상황으로 예를 들어 볼까요? 아이가 블록을 쌓거나 퍼즐을 맞추는 '실제 활동'을 하기 위해서 블록과 퍼즐을 눈으로 보고 손으로 잡는 눈과 손의 '상호 작용'이 발생하게 됩니다.

작업 치료의 목표는 무엇인가요?

작업 치료의 목표는 일상생활을 스스로 해낼 수 있도록 기능적인 독립을 촉진하는 것이에요. 살면서 필요한 기술과 능력을 향상시키고 자신감을 키워 주는 중요한 역할을 하죠. 혼자 옷을 입고, 혼자 그릇을 꺼내 음식을 준비하고, 학교 수업 시간에 맞는 교과서를 꺼내고, 스스로 화장실에 가서 대소변을 보고 옷을 제대로 갖춰 입을 수 있도록 도와요. 연필을 올바르게 잡고 글씨를 쓰거나 가위를 사용해 종이를 자르는 일 같은 도구 사용법도 익히고요. 이것을 '기능적인 독립 촉진'이라고 합니다.

두 번째는 '자립적인 활동 수행 지원'이 있는데요. 예를 들어 병원이나 재활 센터에서 생활에 필요한 움직임을 연습한 후 집에서 스스로 할 수 있게 돕는 것입니다.

환경에 안전하게 적응하도록 돕기도 합니다. 예를 들면 놀이터에서 순서대로 줄 서는 법, 학교생활에 잘 적응하기 위해서 수업 시간에 의자에 잘 앉는 법, 쉬는 시간에 화장실을 다녀오는 법 등을 배우고 연습합니다.

감각 통합 치료

감각 통합 치료는 누가 받나요?

감각 통합 치료는 주로 감각적 통합 능력^{Sensory Integration}에 문제가 있는 아이를 대상으로 합니다. 기질이 예민해 감각 통합 발달이 느린 아이, 감각 통합 문제를 가진 아이, 발달 장애, 자폐 스펙트럼 장애를 가진 아이 등을 대상으로 하지요.

감각 통합 치료는 보통 영유아부터 시작합니다. 통상적으로 만 7세까지 뇌가 감각들로부터 직접적인 영향을 받고 감각 운동 기능이 발달돼요. 그렇지만 만 7세 이후에도 필요한 경우에는 감각 통합 치료를 지속하기도 합니다. 움직임, 대화, 놀이와 같은 활동은 모두 감각 통합을 발달시키는데 이것이 읽기, 쓰기, 사회적 행동의 기초가 된답니다.

감각적 통합 능력이란 무엇인가요?

우리 몸이 다양한 감각 정보를 받아들이고 이를 뇌에서 처리하고 통합하여 적절하게 반응하는 능력을 말해요. 이 능력이 잘 발달해야 다양한 활동을 효과적으로 수행할 수 있습니다. 감각 정보에는 시각, 청각, 촉각, 후각, 미각, 고유 수용성 감각(몸의 위치 감각), 전정 감각(균형 감각) 등이 포함됩니다.

감각적 통합 능력은 크게 세 가지로 이루어져 있어요.

첫 번째는 '수집 능력'입니다. 우리 몸의 여러 감각 기관이 다양한 감각 정보를 수집합니다. 눈은 시각 정보를, 귀는 청각 정보를, 피부는 촉각 정보를 수집하지요. 놀이터에서 그네를 탈 때 눈은 그네가 움직이는 것을 보고(시각 정보) 귀는 그네가 움직이는 소리를 들으며(청각 정보) 피부와 몸은 바람과 손잡이의 감촉을 느낍니다(촉각). 몸이 공중에 떠 있다는 느낌(고유 수용성 감각)과 균형이 흔들리는 느낌(전정 감각)도 받지요.

두 번째는 '처리 능력'입니다. 수집된 감각 정보는 신경을 통해 뇌로 전달돼요. 뇌가 이 정보를 분석하고 이해하는 과정에서 감각 정보가 통합됩니다.

세 번째는 '적절한 반응'입니다. 처리된 감각 정보를 바탕으로 뇌는 적절한 반응을 결정합니다. 예를 들어 뜨거운 물체를 만지면 뇌는 뜨거움을 인식하고 "위험해! 손 다친다!"라는 정보와 명령을 손에 전달합니다.

이러한 감각 정보의 수집, 처리, 반응 과정은 아이들이 기관이나 학교에서 글쓰기를 할 때 중요하게 작용합니다.

- 눈: 종이와 연필을 봅니다.
- 손: 연필의 감촉을 느낍니다.

- 귀: 연필이 종이 위를 긁는 소리를 듣습니다.
- 고유 수용성 감각: 손과 팔의 움직임을 느낍니다.

이러한 감각 정보는 뇌에 전달이 되고 뇌에서는 이러한 감각 정보를 이렇게 처리합니다.

- 뇌: 시각, 촉각, 청각 정보를 통합하여 글자를 어떻게 쓰는지 이해하자!

뇌가 이 과정을 이해하게 되면 그다음부터는 글쓰기를 위한 명령을 내릴 수 있게 돼요. "손아, 연필을 잡고 글자를 써라"라고 말이지요. 그러면 아이는 누가 시키지 않아도 연필을 잡고 글자를 쓸 수 있게 돼요.

감각 통합 치료는 어떻게 진행되나요?

다양한 감각 자극 활동을 합니다. 특히 아이가 지나치게 민감하거나 둔감한 자극과 관련한 활동을 하는데요. 예를 들어 촉각 활동을 위해 촉감 상자를 활용합니다. 상자 안에 모래, 물, 젤리, 부드러운 천 등 다양한 질감의 물건을 넣고 아이가 손으로 만져 무엇인지 맞히게 하는 놀이입니다. 비슷한 활동으로, 다양한 재질의 매트 위를 아이와 맨발로 걸어 보기도 합니다. 후각 활동으로는 다양한 향(레몬, 커피, 바닐라 등)이 나는 병을 준비하여 향을 구별하는 연습을 합니다. 청각 활동은 소리 맞히기 게임, 시각 활동은 다양한 색깔의 빛이나 크레파스를 사용하여 색을 구별하는 연습을 합니다.

이러한 놀이를 하면서 다른 사람과 어울릴 수 있도록 사회적 상호 작용 훈련도 같이 합니다. 두세 명의 아이와 치료사가 한 그룹을 이뤄 역할 놀이도 하고 팀 게임도 하며 여러 가지 방식으로 감각 통합 치료를 진행합니다.

감각 통합 치료의 목표는 무엇인가요?

감각 통합 치료는 감각 정보를 받아들이고 처리하는 능력을 향상시키는 것을 목표로 합니다. 감각 통합이 제대로 이루어지지 않으면 아이는 일상생활에서 여러 불편함을 겪을 수 있어요. 소음이 너무 크게 들리거나, 옷의 태그가 너무 거슬리거나, 균형을 잡지 못해 자주 넘어질 수 있습니다.

감각 통합 치료도 뇌가 더욱 효과적으로 발달하기 위한 치료인 만큼 영유아기에 중요하게 다뤄지는데요. 이것이 추후에 학습과 정서적 요구에 잘 대처할 수 있는 능력을 길러 주기 때문입니다.

아이가 어릴수록 감각적 특성을 잘 살펴주세요. 아이가 민감해하는 감각은 무엇인지, 스스로 몸을 어떻게 인식하고 활용하고 있는지 발견해 주세요. 이는 아이의 발달, 적응력과 긴밀하게 연결되어 있습니다.

ABA 치료

ABA$^{\text{Applied Behavior Analysis}}$는 행동 분석을 기반으로 발달 문제를 가진 아이의 행동을 개선하고 필요한 기술을 가르치는 체계적이고 과학적인 치료법입니다. 원하는 행동을 촉진하고 원하지 않는 행동을 감소시키는 데 사용되지요. 주로 자폐 스펙트럼 장애^{ASD}와 발달 장애를 가진 아이들에게 적용하며 특히 자폐 스펙트럼 장애를 가진 아이들의 치료법으로 잘 알려져 있어요.

ABA는 행동주의 이론, 특히 B.F. 스키너의 연구에 기초하는데요. 아이의 행동이 환경과의 상호 작용을 통해 변화될 수 있다는 점에 초점을 맞춰요. 의사소통, 사회적 상호 작용, 자립 생활 기술, 사회적 적응 행동 등 다양한 영역을 기르는 데 효과적이고 개

개인의 필요와 능력을 고려하여 맞춤형 치료 계획을 세웁니다.

ABA 치료의 진행 방식

ABA 치료사는 먼저 아이의 기능 수준을 파악합니다. 아이의 강점과 약점을 고려해 달성할 수 있는 목표를 세워요. 계획을 시행하면서 지속적으로 행동을 관찰하고 조정 단계를 거치며 아이와 함께 훈련합니다. 아이가 새로운 기술을 배우는 동안 치료사는 지속적으로 피드백을 제공합니다.

치료사는 목표 행동을 작은 단계로 쪼개어 가르칩니다. 이것을 '과제 분석'이라고 하는데요. 예를 들어 손을 씻을 땐 비누를 짜기, 손에 문지르기, 헹구기의 3단계로 세분화할 수 있어요. 이렇게 단계를 나눠 하나씩 가르치면 아이가 전체 과정을 더 쉽게 배울 수 있답니다.

ABA에서는 긍정적 강화의 개념이 중요한데요. 올바른 행동을 촉진하기 위해 보상을 주는 거예요. 예를 들어 아이가 외출한 뒤 돌아와 손을 씻으면 칭찬이나 작은 보상을 줍니다. 이러한 보상은 아이가 행동을 반복하도록 만들어 줍니다.

ABA 치료는 아이의 행동 변화를 관찰하고, 기록하고, 치료 효과를 평가하고, 필요한 경우 수정하는 방식의 '데이터 기반 접근법'을 사용합니다. 이 과정에서 치료사는 아이에게 시범을 보이고 아이가 여러 번 반복하도록 합니다. 이러한 반복 학습을 통해 아이의 기술을 확장할 수 있습니다.

ABA 치료는 가족의 참여도 중요해요. 가족의 참여가 뒷받침되어야 치료 효과가 극대화되기 때문입니다. 치료사는 부모가 가정에서도 일관된 행동 전략을 사용할 수 있도록 교육하기도 합니다.

ABA 치료 전 고려 사항

첫 번째로, 이 치료는 일반적으로 시간과 비용이 많이 소요됩니다. 많은 세션과 지속적인 개입이 필요하기 때문에 보호자에게 부담을 줄 수 있어요.

두 번째로, ABA 치료는 아이들의 감정적인 요구를 들어주거나 관계를 형성하기보다는 행동에 집중하기 때문에 정서적 요소가 부족하다고 느낄 수 있습니다. 그렇기 때문에 아이가 이 치료를 받기 적절한 시기인지를 고려해 보아야 해요. 아이의 정서를 발달시켜야 하는 시기에는 행동 중심의 치료적 개입이 맞지 않을 수 있어요.

세 번째로, 부모와 아이가 ABA 치료에 의존할 수 있어요. 그래서 치료를 종료하는 과정이 복잡하고 어려울 수 있습니다.

무엇보다도 모든 아이들에게 ABA 치료의 효과가 동일하게 나타나지는 않습니다. 일부 아이들에게는 다른 접근 방식이 더 적합할 수 있으며, 아이의 특성과 필요를 고려하여 전문가와의 상담을 통해 치료 방법을 선택하는 것이 가장 중요합니다.

TIP. 치료법 들여다보기

ABA는 행동 분석에 기반한 치료로 자폐 스펙트럼 장애와 발달 문제를 가진 아이들의 행동을 개선하는 기술을 훈련합니다. 이 치료는 긍정적 강화로 원하는 행동을 촉진하고, 과제 분석을 통해 복잡한 행동을 단계적으로 가르치며 반복적으로 훈련하지요. 치료는 데이터 기반으로 효과를 평가하고 조정하며 진행됩니다. 부모에게 일관된 행동 전략을 교육하여 가정에서도 아이에게 일관된 환경을 제공하도록 합니다.

플로어타임 치료

플로어타임^{Floor time}은 스탠리 그린스펀^{Stanley Greenspan}과 세리나 위더^{Serena Wieder}가 주도적으로 연구한 치료 방법으로, 이 역시 주로 자폐 스펙트럼 장애를 가진 아이들의 발달을 지원하는 데 사용돼요. 플로어타임 치료는 뇌 과학에 기초한 사회적 상호 작용과 의사소통 기법을 사용하여 신경 발달을 촉진하고 아이와 지속적으로 소통하고 자발성을 높이는 치료입니다.

이 치료의 주요한 특징은 발달이 느린 아이에게 주입식으로 행동을 중재하는 것이 아니라 '아이의 주도성'에 초점을 맞추는 것입니다.

플로어타임 치료의 진행 방식

치료사와 부모는 먼저 아이의 관심사와 선호를 이해합니다. 아이가 흥미를 갖고 놀이를 주도하는 모습을 함께 따라가며 자연스럽게 발달을 촉진하지요. 아이가 자발적으로 놀이에 참여하여 관련성을 느끼도록 합니다.

아이의 감정 발달 단계를 이해하도록 훈련된 치료사는 아이의 수준에 맞는 적절한 상호 작용을 제안하고 아이가 자신의 관심사와 선호를 표현할 수 있도록 돕습니다. 즉, 아이의 개별적인 특성과 발달 수준을 고려하여 맞춤형 접근 방법을 제공할 수 있어요. 또한 아이가 일상에서 느끼는 감각에 잘 적응할 수 있도록 돕습니다. 치료자는 아이의 발달적 요구와 필요에 맞게 치료를 조정하고 아이의 발달을 촉진하는 환경을 만들어 갑니다. 아이가 안전한 환경에서 성공적으로 상호 작용을 하는 기회를 제공하는 것입니다.

플로어타임 치료의 장점

플로어타임 치료는 주로 아이들의 관심과 선호에 맞추기 때문에 아이마다 유연하게 접근 가능하다는 장점이 있어요. 또한 자연스러운 놀이로 진행되기 때문에 치료에 대한 거부감이 적지요.

플로어타임 치료는 부모와 아이의 정서적 유대 관계를 중요시

합니다. 그래서 이 치료로 부모와 안정적 관계를 강화하는 훈련을 할 수 있어요. 플로어타임은 아이들의 발달을 지속적으로 지원하고, 자신의 능력을 최대한 발휘할 수 있도록 돕는 데 중점을 두는 치료로 보시면 됩니다.

TIP. 치료법 들여다보기

플로어타임은 아이의 독특한 감각, 아이의 관심사를 존중해요. 아이 주도의 놀이와 상호 작용을 통해 발달을 촉진합니다. 이 접근법은 타인과의 정서적 유대감을 강화하고 아이가 치료에 대한 거부감을 덜 느낀다는 장점이 있어요. 부모와 치료사가 함께 참여하여 아이가 자신의 능력을 최대한 발휘할 수 있도록 돕기도 합니다.

학습 인지 치료

인지 치료는 인지 기능의 향상을 목표로 하는 치료입니다. 인지 기능은 지각, 기억, 학습, 문제 해결, 주의 집중, 추론 같은 고차 인지 과정을 포함해요. 이러한 기능들은 우리가 정보를 받아들이고 이해하고 처리하는 데 중요한 역할을 합니다.

사람의 인지 체계를 간단히 설명하면 '정보를 투입하고 저장하고 전환한 뒤 산출하는 과정'으로 볼 수 있어요. 아이가 자라면서 이 과정은 성숙하게 되고 문제를 더 효율적으로 해결하게 되지요.

아이의 발달 과정에 따른 인지 발달

4세가 되면 아이는 글자의 발음을 인지하기 시작합니다. 5세가 되면 받침이 없는 민글자에 관심이 생기고 음소와 자소를 읽으려 시도해요. 그렇다고 해서 본격적으로 읽고 쓰는 것을 배울 단계는 아니고 일단 글자에 관심이 생기는 시기로 이해하면 됩니다. 6세에는 받침이 있는 글자를 읽으려고 시도해요. 7세가 되면 본격적으로 글자를 배우고 쓰게 되지요.

아동기가 되면 분류하고 유목화하고 서열화를 할 수 있어요. 또한 나의 입장만 생각하는 것이 아니라 타인의 입장과 감정을 이해하고 추론하려고 해요. 기억력이 발달하여 있었던 일을 시연할 수 있고 기억을 전략적으로 사용할 수 있어요.

이렇게 발달한 인지는 점차 참신하고 색다른 방법으로 읽고 생각하며 창의적으로 문제를 해결해 나가도록 합니다. 그런데 느린 아이는 이를 순차적으로 해내지 못합니다. 그래서 인지적 발달 과업을 이루는 데 많은 훈련과 도움이 필요합니다.

학습 인지 치료의 진행 방식

학습 인지 치료는 아이가 연령에 맞는 인지 전략을 사용할 수 있도록 훈련하는 치료예요. 발달이 느리고 이해력이 부족한 아이를 돕기 위해 치료사는 맞춤형 훈련을 제공하지요.

아이의 고유한 학습 능력을 평가한 치료사는 여러 감각을 동시에 활용한 학습 자료를 제공하여 아이가 쉽게 이해하고 오래 기억할 수 있도록 합니다. 반복 학습을 힘들어하는 아이에게는 학습을 끝낼 때마다 보상을 주어 학습 내용이 장기 기억으로 고정될 수 있도록 합니다. 이러한 활동은 외부에서 부정적인 피드백을 받아 위축된 아이에게 자신감을 심어 주기도 합니다.

인지 치료사와 부모가 의논하여 아이가 집중할 수 있는 학습 공간을 만들기도 하고 아이의 성향에 맞춰 일과를 조정하며 규칙적인 시간표를 만들기도 합니다.

학습뿐만 아니라 또래와 잘 어울릴 수 있도록 사회적 기술 훈련도 제공합니다. 또래와 함께하면서 생긴 부정적 사고, 자신에 대한 왜곡된 생각을 스스로 인식하고 긍정적으로 전환하기 위해 때로는 집단 치료를 진행하기도 해요. 집단 치료에서는 차례 기다리기, 친구의 말 귀 기울여 듣기, 친구에게 자신의 생각 이야기하기 등을 연습합니다.

TIP. 치료법 들여다보기

학습 인지 치료는 아이의 지각, 기억, 문제 해결, 주의 집중력 등 학습과 관련된 인지 기능을 강화합니다. 아이의 수준에 맞는 맞춤형 훈련을 제공하여 학습의 어려움과 공백을 줄이고 다양한 보상 체계를 통해 동기를 부여합니다. 부모 상담을 통해 효과적인 학습 환경을 조성하고, 집단 치료를 통해 사회적 기술을 훈련하며 긍정적 사고를 촉진합니다.

부모-자녀 양육 코칭

요즘은 부모가 직접 가정에서 아이의 발달을 촉진하는 부모-자녀 양육 코칭 프로그램을 많이 도입하고 있어요. 발달 문제를 해소할 뿐 아니라 자녀에 대한 이해를 높이고 긍정적인 부모-자녀 관계를 만들 수 있지요. 부모-자녀 양육 코칭에는 여러 가지가 있지만 이 책에서는 3가지를 소개하고자 합니다.

PCIT

PCIT^{Parent-Child Interaction Therapy}는 부모와 아이의 상호 작용을 개선하고 부모의 양육 기술을 향상시키는 치료법입니다. 주로 공격성, 거부, 정서적 문제, 주의력 부족 및 과잉 행동 등 아이의 문제 행동을 줄이고 긍정적인 행동을 촉진하는 것을 목표로 합니다.

PCIT는 부모에게 양육 기술을 가르치는 데 중점을 두고, 치료 중 자녀와 함께 특별한 활동을 수행하며 양육 기술을 연습합니다. 한마디로 아이와의 긍정적 상호 작용에 집중하는 것입니다. 부모는 이를 통해 아이의 긍정적인 행동을 촉진하고 부정적인 행동을 감소시키는 기술을 배웁니다.

치료 과정은 일반적으로 두 부분으로 나뉩니다. 첫 번째는 아동 중심 과정^{CDI}으로, 아동의 놀이와 상호 작용을 따라갑니다. 두 번째는 부모 중심 과정^{PDI}으로, 훈육과 적절한 구조화를 할 수 있습니다. 각 지점마다 기준이 되는 점수를 통과해야 각 지점을 졸업할 수 있습니다. 치료자는 부모에게 특정한 치료 목표를 달성하기 위한 구체적인 활동과 기술을 안내하고 가정에서도 연습할 수 있도록 매주 숙제를 주기도 합니다.

PCIT는 부모가 배운 기술을 일상생활에 적용할 수 있도록 돕습니다. 이는 치료가 완료된 후에도 지속적인 지원과 모니터링을 통해 부모의 학습과 적용을 지원하는 것을 의미합니다.

RT

RT$^{Responsive\ Teaching}$는 일상생활에서 부모가 반응적으로 상호 작용함으로써 궁극적으로 인지, 언어, 사회-정서적 능력을 발달하게 하는 것이 목표입니다. 일상의 자연스러운 상황에서 학습 과정을 격려하고 아이가 이미 할 수 있는 것부터 시작합니다. 이미 할 수 있는 것이란 아이의 현재 관심사에서 출발한다는 뜻입니다. 따라서 발달에 근본이 되는 중심축 발달 행동을 배우고 자주 사용하는 게 중요하다고 봅니다.

RT는 미국의 머호니^{Mahoney} 교수가 자폐 스펙트럼 장애 아동을 위해 처음 개발했어요. 하지만 현재는 발달 지연 아동이나 일반 아동에게도 적용이 가능합니다. 아동 중심적으로 구조화된 프로그램이라 아이가 주도적으로 참여할 수 있고 부모는 반응적인 양육 태도를 가질 수 있도록 코칭해요. 프로그램을 진행할 때 먼저 중재자가 어떻게 해야 하는지 방법을 안내하고 시범을 보입니다. 부모는 중재자의 시범을 보고 매주 과제를 수행해요. RT 프로그램은 훈련을 받은 중재자가 진행할 수 있습니다.

IDP

IDP$^{Interaction\ Developmental\ Play\ Therapy}$는 상호 작용 발달 놀이 치료로 자폐 스펙트럼 장애, 발달 장애, 또는 기타 신경 발달 장애가 있는 아동 청소년을 위한 접근법입니다. 우리나라의 선우현, 홍정애 교수에 의해 개발되었어요.

IDP는 아동과 청소년이 필요한 기술과 능력을 습득할 수 있도록 도와주며 부모가 자녀의 기술과 능력을 향상시키는 법을 배우도록 설계되어 있습니다. 구조화된 놀이와 지시적인 놀이 기술을 결합하여 정서 조절, 사회적 기술, 관계 맺기 등 3가지 주요 영역을 다루며 감각 처리와 조절, 불안, 타인 인식 및 정서 변화, 자기 표현에 대해서도 다룹니다.

IDP에는 자녀와 함께 가정에서 다양한 놀이 치료 기법을 사용할 수 있도록 돕는 부모 훈련이 포함되어 있습니다. 아이와 부모 모두를 포함하는 가족 놀이 치료 기법이자, 단계별 부모 참여 프로그램으로 보시면 됩니다. IDP의 각각의 단계는 지속적인 상호 작용의 경험과 사회적 발달의 촉진, 놀이의 확장과 통합적 사고, 전반적인 발달 촉진을 위한 활동들로 구성되어 있습니다.

TIP. 치료법 들여다보기

부모-자녀 양육 코칭은 부모가 직접 아이의 발달을 촉진할 수 있도록 교육을 받는 것이에요. 치료 상황을 직접 관찰하고 참여하기 때문에 부모와 자녀의 관계가 긍정적으로 변화될 수 있지요. 본 책에는 4가지를 소개합니다. PCIT는 부모와 아이의 상호 작용을 개선하고 양육 기술을 향상시킵니다. RT는 자연스러운 환경에서 반응적인 상호 작용을 통해 아동의 발달을 촉진합니다. IDP는 발달 지연 아동을 위한 놀이 치료로 단계별 접근법을 통해 아이의 전반적 발달을 돕고 상호 작용의 질을 향상시킵니다.

비슷해 보이는 치료들,
그러나 모두 목표가 다릅니다

"언어 치료든 놀이 치료든 인지 치료든 치료실에 들어가면 아이가 가지고 노는 장난감은 똑같아요. 이름만 다르지 매번 비슷한 놀이를 하고 선생님들도 비슷하게 반응해 주는 것 같은데 한 가지 치료만 하면 되지 않을까요?"

이런 의문이 드는 것은 매우 자연스러운 일입니다. 만만치 않은 치료비를 내는데 아이가 똑같은 놀이만 하고 있다고 생각하면 답답하기도 하고 속이 상하기도 하지요. 이런 부분을 물어보면 치료사에게 실례가 될까 봐 묻지 못하는 부모님도 계시고요.

모든 치료는 아이의 건강한 성장과 발달이라는 큰 목표를 가집니다. 그러나 세부적으로 살펴보면 많은 것이 달라요. 치료들은 각기 다른 여행지로 볼 수 있어요. 같은 장난감을 사용하더라도, 똑같은 반응을 하는 것 같아도 실제로는 아예 다른 방향으로 나아가고 있거든요. 비슷해 보일 수는 있지만 치료의 세부 목표, 치료사의 접근 방법, 치료 기술이 다르답니다.

놀이 치료의 목표

놀이 치료는 '놀이를 이용한 심리 정서 발달'에 초점을 맞춥니다. 아이가 자신의 감정을 잘 표현하고 다른 사람과 원활하게 소통하는 것이 목표이지요.

때문에 놀이 심리 상담사는 수용적인 태도로 아이를 존중합니다. 아이의 감정과 행동을 반영하고, 판단이나 비판 없는 환경을 만들어요. 그리고 부모가 치료를 끝까지 해낼 수 있도록 응원하고 함께 버티는 역할을 합니다.

언어 치료의 목표

언어 치료는 '언어 발달 촉진과 의사소통 능력 향상'에 초점을 맞춥니다. 놀이 치료가 '정서'를 중시했던 것과는 순서가 다르지요. 아이가 새로운 단어를 배우고 문장을 만들어 가며 타인과 잘 소통하는 것이 첫 번째 목표입니다. 그래서 언어 치료에서는 질문하고 답하는 활동이 많아요. 치료사가 정확한 발음과 문장을 보여 주고 아이가 따라 하도록 돕지요.

인지 치료의 목표

인지 치료는 '사고 패턴과 문제 해결 능력, 학습 능력 향상'에 초점을 맞춥니다. 논리적인 사고를 요구하고 문제를 해결하는 인지 활동을 하지요. 그 안에서 학습 훈련을 하기도 해요. 카드 게임, 순서 맞추기 게임 등 기억력을 향상시키는 연습도 하고요. 이처럼 일상생활에서 경험할 수 있는 활동을 합니다.

감각 통합 치료의 목표

감각 통합 치료는 '감각 처리 능력을 향상하여 일상에서 적절하게 반응'하는 데 초점을 맞춥니다. 장난감을 가지고 놀 때도 장난감의 촉감을 느끼게 하고 균형 잡기, 공 던지기 등의 놀이를 통해 아이에게 감각에 대한 경험을 체계적으로 노출시키지요.

단편적인 예를 들어서 설명해 볼게요. 아이가 부드러운 공을 계속 만지고 있을 때 각 전문가들은 아마도 이렇게 반응할 거예요.

놀이 심리 상담사: 너는 부드러운 공을 만지고 있구나. 만지면 기분 좋아. 아이 행복해. (정서 발달에 초점을 둔 반응)

언어 치료사: 이 공 부드럽지? '공'이라고 말해 볼까?(언어 발달에

초점을 둔 반응)

인지 치료사: 이 공을 다른 방법으로도 놀 수 있어. 이 공이 몇 개지? 그렇지. 1개야. (공의 쓰임과 개수에 초점을 둔 반응)

감각 통합 치료사: 이 공은 부드러워. 옆에 있는 이 공은 딱딱해. 거칠거칠한 공도 만져 볼까?(감각적 개입에 초점을 둔 반응)

여기서 다루지 않은 치료 영역도 마찬가지예요. 각 치료의 성격과 목표에 따라 반영이 달라지지요. 그런 의미로 아이의 장난감이 같은 것은 크게 상관이 없기도 해요. 아이가 경험하는 상호작용이 각 영역별로 달라지니까요.

부모님이 궁금해하는 가정에서의 발달 촉진법 Q&A

일상 • 놀이 • 가족, 형제자매

일상

Q. 아이의 수면 습관, 어떻게 관리해야 할까요?

아이의 편안한 수면을 위해서 방은 어둡고 조용하게, 적절한 온도와 습도를 유지해 주세요. 잠자기 전 목욕을 하거나 부드러운 목소리로 책을 읽어 주는 루틴을 만들어도 좋아요.

촉감이 부드러운 이불과 베개를 들여 거슬리는 자극을 줄여 주세요. 아이가 잠들지 못할 땐 손과 발을 마사지해 주면 수면에 도움이 될 수 있습니다. 잠자기 3시간 전에는 격렬한 활동을 지양하고 1시간 전에는 전자기기 사용을 금지해 주세요. 아이의 깊은 잠을 방해할 수 있어요.

Q. 예민한 아이가 한밤중에 모든 가족을 깨우면 어떻게 해야 하나요?

아이가 밤중에 깨어나 가족을 깨우더라도 가능하면 차분하게 대하는 것이 좋아요. 큰소리로 혼을 내거나 짜증 섞인 목소리를 내면 아이는 더 불안해질 수 있어요. 조용하지만 단호한 목소리로 다시 자리에 눕도록 해 주세요. 이때 아이를 쓰다듬어 주거나 마사지해 주는 것도 좋습니다.

영아가 아니라면 아이가 스스로 진정하는 방법을 가르쳐 주세요. 깊게 숨 쉬기, 천천히 숫자 세기, 좋아하는 이야기 상상하기 같은 방법들을 가르쳐 혼자서도 진정할 수 있는 기술을 사용할 수 있도록 도와주세요. 문제가 반복된다면 소아과 의사나 수면 전문가와 상담하기를 권합니다.

Q. 발달이 느린 아이에게 어떤 종류의 놀이가 도움이 될까요?

중요한 것은 먼저 아이의 놀이 발달 수준을 파악하는 것입니다. 다양한 놀이를 제공하여 아이가 자연스럽게 발달할 수 있도록 해 주세요. 놀이는 여러 부분을 발달시킵니다. 예를 들어 블록 놀이는 소근육, 대근육, 시지각 능력을 키워 주고 깊이와 부피의 개념을 배울 수 있습니다.

아이 주변에 있는 모든 것이 놀이가 될 수 있다는 경험을 제공해 주세요. 도구가 없어도 몸 놀이, 손 놀이, 움직임 따라 하기, 안고 흔들기, 노래 부르기 등의 놀이를 할 수 있어요. 놀이를 선택할 땐 생활 연령(실제 나이)이 아니라 발달 연령을 고려해 주세요. 아이가 흥미를 갖는 것부터 시작해서 점차 놀이 수준을 높여 가는 것이 좋습니다.

Q. 아이가 다른 사람과 눈을 잘 맞추지 않아요

눈맞춤은 관계를 맺는 데 가장 기초가 되는 시작점입니다. 그러나 "눈을 봐야지" 하고 지시하는 것은 아이에게 부담감과 스트레스를 줄 수 있습니다. 커다란 어른이 작은 아이와 눈을 맞추려면 부모가 먼저 자세를 낮춰 주세요. 그리고 아이의 눈을 바라봐 주세요. 이렇게 먼저 눈을 맞추고 수시로 반복하다 보면 아이도 눈맞춤에 익숙해질 거예요.

눈맞춤이 익숙해지면 '눈을 맞출 때마다 미소 짓기' 같은 게임을 하거나 노래와 이야기로 눈맞춤을 유도할 수도 있습니다. 이야기를 할 때는 아이의 눈을 부드럽게 바라보며 자연스럽게 유도해 주세요. 아이가 눈을 맞추면 칭찬하고 등을 토닥여 주며 작은 보상을 주세요.

Q. 아이가 의사소통을 어려워해요

먼저 생물학적인 이유가 있는지, 환경에 문제가 있는지부터 확인해 주세요. 혀가 짧은 것은 아닌지, 혀가 두꺼워서 발음이 안 되는 것은 아닌지, 양육 환경이 말하지 않아도 다 이루어지는 환경인지 말이지요. 그 후 아이의 언어 발달을 체크해 주세요.

아이와 2~3개 단어로 이루어진 짧은 문장으로 자주 대화하고 아이의 시도에 반응해 주세요. 아이의 비언어적 신호에도 의미 있게 반응해 주세요. 아이가 말없이 손가락으로 뭔가를 가리키면 그곳을 함께 가리키면서 "저거 꺼내 줘?" 하며 언어로 대답해 주세요. 아이가 말하려고 하면 기다려 주고 천천히 말하도록 격려하세요.

책을 읽어 주며 이야기 속 등장인물의 감정과 행동을 설명해 주세요. 언어 치료사와 상담하여 맞춤형 의사소통 방법을 배우는 것도 도움이 됩니다. 주의할 점은 "이 말 따라 해 봐", "이렇게 말해 봐"라며 교육적으로 지시하지 않는 것이에요.

Q. 발달이 느린 아이에게 적합한 학습 활동은 무엇이 있나요?

느린 아이가 학습할 시기가 되면 부모의 마음도 조급해질 수 있어요. 중요한 것은 아이가 받아들일 수 있는 만큼의 학습 목표를 정하고 가능하면 일상에서 자연스럽게 학습할 기회를 주는 것입니다. 예를 들면 장을 볼 때 함께 물건의 이름과 색깔을 이야기하거나 사소한 심부름을 시키며 성취감을 느끼게 해 주세요. 부모는 '이것', '저것' 같은 추상적 단어 대신 명확한 단어를 써서 아이가 일상에서 단어를 자연스럽게 익힐 수 있도록 환경을 만들어 주세요. 놀이를 통해 학습 활동을 재미있고 창의적으로 구성해 주세요. 색칠 놀이, 퍼즐, 숫자 놀이 등 소근육과 인지 발달을 돕는 활동을 하면 좋아요. 아이가 좋아하고 관심 갖는 영역을 활용해 주세요.

Q. 아이가 자주 좌절하고 쉽게 포기해요

커다란 목표로 가기 위한 작은 목표들을 설정해 주세요. 작은 성공을 먼저 경험하면 자신감을 키울 수 있어요. 아이가 어리다고 모든 것을 다 해 주지는 마세요. 아이가 도움을 요청하면 긍정적으로 대답한 뒤 "이상하다. 이게 왜 안 되지? 네가 도와줄래?" 하며 못하는 척을 해도 좋아요. 아이를 도와주더라도 일의 마무리는 꼭 아이가 하게 해 주세요. 자신이 해냈다는 성취감, 부모를 도왔다는 자신감을 가질 수 있어요. '천리 길도 한 걸음부터'입니다.

Q. 아이가 실패했을 때 어떻게 반응해야 하나요?

"생각처럼 안 됐구나. 그래도 시도한 것을 엄마 아빠는 다 봤어. 다시 한번 해 볼까?"와 같은 격려와 지지를 보여 주고 다시 시도할 수 있는 기회를 주세요. 이때 큰 반응을 보이면 아이가 '큰 실패'를 했다고 느낄 수 있기 때문에 차분한 표정과 목소리 톤을 유지해 주면 좋아요. 그럼에도 아이가 좌절감을 느끼면 차분하게 기다려 주세요. 때로는 등을 쓰다듬거나 "속상하구나" 하며 감정을 짚어 주세요. 너무 많은 말을 하려고 하면 오히려 아이가 더 자극되고 부모님의 에너지도 많이 쓰여요. 한두 번 감정과 상황을 언어로 표현한 뒤로는 비언어적 표현(등 쓰다듬기, 손잡기, 포옹하기 등)으로 위로해 주세요.

Q. 아이가 같은 행동을 자주 반복해요

반복적인 행동의 원인을 파악하는 것이 중요합니다. 신경학적인 이유인지, 정서적 불편감 때문인지에 따라 대처 방법이 다르기 때문이에요.

공통적으로 할 수 있는 대처는 대체 행동을 제시하는 것이에요. 예를 들어 아이가 손을 자주 흔든다면 두 손으로 박수 치기, 허벅지 만지기, 손에 뭔가를 쥐기와 같이 다른 활동을 제안할 수 있어요.

아이가 반복적인 행동을 할 땐 차분히 기다리고 관심을 다른 방향으로 돌리세요. 긍정적인 강화와 일관된 지도를 통해 행동을 조절할 수 있도록 안내해 주세요. 행동이 심해지면 전문가와 상담하여 적절한 대응 방법을 찾아야 합니다.

Q. 아이가 낯선 사람을 너무 두려워해요

이것은 아이가 낯선 사람과 익숙한 사람을 구별할 수 있고 환경에 대한 변별력이 있다는 신호예요. 아이에게 새로운 사람을 천천히 소개하고 적응할 때까지 기다려 주세요. 아이의 손을 잡아 주거나 "기다려 줄게" 하고 편안함을 느낄 수 있도록 지지해 주세요. 아이가 낯설어 한다고 피하기만 하면 아이에게 새로운 것을 접할 기회가 사려져요.

부모님은 낯선 사람과 인사하고 편안히 대화하는 모습을 아이에게 보여 주세요. 낯선 사람과의 상호 작용을 짧고 긍정적으로 만들어 주세요. 익숙한 장소에서 만남을 가지며 아이에게 안전감을 주세요. 작은 성취를 칭찬하며 점차 자신감을 키울 수 있도록 도와주세요.

Q. 감정 조절을 가르칠 때 중요한 것은 무엇인가요?

어떤 감정이든 다 중요하고 소중합니다. 다만 아이가 부정적인 감정을 경험할 때 부모님이 그것을 지켜보기가 쉽지 않을 수 있어요. 하지만 어떤 감정이든 경험하고 느껴 보아야 해요. 핵심은 이런 감정을 어떻게 표현해야 하는지 배우는 일이지요.

먼저 아이가 경험하고 있는 감정에 이름을 붙여 주세요. "긴장

되는구나", "하고 싶지만 낯설어~", "궁금한데 겁도 나~", "생각대로 안 돼서 짜증이 나~"와 같이 상황에 적절한 감정을 언어로 표현해 주세요. 감정을 언어화하면 아이가 지금 자신이 느끼는 감정이 무엇인지 스스로 인식하게 됩니다.

그 후에 아이가 감정을 표현할 수 있는 방법을 가르쳐 주세요. 언어로 표현해도 좋고 감정 스티커를 활용해도 좋습니다. 이외에도 감정 일기 쓰기, 감정 그림 카드 활용하기 등 현재 감정을 표현하는 방법들이 있습니다.

아이가 화를 내거나 좌절할 땐 차분히 기다려 주고 감정을 이해해 주세요. 감정을 조절하는 방법(깊게 숨쉬기, 휴식)을 가르쳐 주고 성공적으로 조절했을 때 칭찬해 주세요. 일관된 지도로 감정 조절 능력을 키워 주세요.

Q. 아이의 식습관을 건강하게 유지하려면 어떻게 해야 하나요?

아이에게 좋아하는 음식과 새로운 음식을 균형 있게 제공하되, 강요하지 말고 자연스럽게 접할 기회를 주세요. 싫어하는 질감, 싫어하는 맛도 경험하는 것이 필요하지만 억지로 먹게 해서 안 좋은 기억을 남기는 것은 좋지 않아요.

우선 아이가 좋아하는 맛, 좋아하는 조리법을 최대한 이용해 주세요. 부족한 영양소는 과일, 야채, 보조식품 등을 활용해 주시고요. 그다음 함께 요리를 하거나 장을 보면서 다양한 음식에 흥미를 높여 보세요. 부모님이 맛있게 먹는 모습을 보여 주어도 좋아요. 가끔 아이 앞에 새로운 반찬을 한두 개 살짝 놓아 주며 음식과 친해지게 만들어 주세요. 식사 시간을 즐겁고 긍정적으로 만들어 주세요.

놀이

Q. 아이가 집중력이 부족해요.
놀이 시간을 어떻게 구성해야 할까요?

짧고 흥미로운 활동으로 시작해서 점차 시간을 늘려 보세요. 처음에는 아이가 좋아하는 활동을 중심으로 놀이를 구성하고 점차 새로운 활동을 추가해 보는 거예요. 10~15분 정도의 짧은 놀이 세션을 여러 번 진행하며 중간 중간 휴식을 주세요. 아이가 집중하는 순간에는 칭찬하며 자신감을 키워 주세요. 차분한 환경을 마련하고 놀이에 방해가 되는 요소들을 제거하세요.

부모가 아이에게 집중할 수 있는 시간은 언제인가요? 그리고 내 아이는 어떤 놀이를 좋아하나요? 아이의 발달 단계와 흥미에 맞는 놀이를 선택해 주세요. 놀이 시간을 규칙적으로 정하고 다양한 놀이를 통해 소근육, 대근육, 인지 기능을 자극하세요. 놀이 시간을 즐겁고 의미 있게 구성해 주세요.

Q. 아이가 협동 놀이를 어려워해요

처음에는 같은 공간에서 각자 노는 것부터 시작하세요. 서로 교류하지 않아도 괜찮아요. 아이는 아이의 놀이를, 부모님은 부모님의 놀이를 하세요. 그러다 아이가 부모의 놀잇감에 관심을 가지면 처음에는 그냥 다 주세요. 그다음에는 "주세요 해 볼까?" 하며 요구하는 법을 가르쳐 주고 부모님도 "엄마 아빠한테 이거 빌려줄래?"라고 요구하며 주고받기 놀이를 해요.

그러고 나면 간단한 협동 놀이부터 시작해요. 공 주고받기, 풍선 함께 불고 팅기기, 블록 함께 쌓기 등 협력의 경험을 쌓아 가세요. 놀이 중에 서로 도울 수 있는 기회를 만들어 협력의 중요성을 설명해 주세요. 협동 놀이를 할 때는 차분하게 지도하고 성취감을 느낄 수 있도록 칭찬해 주세요.

Q. 아이가 규칙을 잘 이해하지 못해요.
놀이를 통해 가르칠 수 있을까요?

아이가 이해할 수 있는 쉬운 규칙부터 적용하세요. 원래의 규칙대로 진행하면 아이가 이해하기도 지키기도 어려워요. 그다음에는 아이가 원하는 규칙을 만들어 보도록 해 주세요. 최종 목적은 아이가 규칙을 지키면서 재미있게 노는 방법을 터득하는 것이므로 이를 위해서는 먼저 놀이가 재미있다는 경험을 해야 해요.

아이가 쉬운 규칙을 이해했다면 이번에는 간단한 보드 게임을 활용해 볼 수 있어요. 보드게임의 규칙을 이해하고 순서를 지키는 연습을 해요. 놀이 중에 규칙을 명확하게 설명하고 단계별로 따를 수 있도록 도와주세요. 규칙을 지키지 않는다고 해서 너무 단호하지 않으셔도 돼요. "아이 참, 나도 재미있게 놀고 싶은데 규칙이 지켜져야 놀 수 있어~" 하고 부드럽지만 유머 있으면서도 심플하게 규칙을 안내해 주세요. 이렇게 말한 뒤 아이의 반응을 살피세요. 그리고 일관되게 규칙을 지켜야 함을 안내해 주세요. 아이가 계속해서 규칙을 어긴다면 "음, 규칙이 지켜져야 더 놀 수 있어"라고 말하며 조금 더 단호하게 알려 주세요.

역할 놀이를 통해 규칙을 자연스럽게 배울 수 있는 상황을 만들어 주세요. 중요한 것은 놀이를 반복하면서 규칙을 익힐 수 있게 하고, 성공적으로 규칙을 따랐을 때 구체적으로 칭찬해 주는 거예요.

Q. 아이가 혼자 놀기를 어려워해요

우리 아이가 관계 맺기를 좋아하는 아이인가요? 아니면 놀이 방법을 몰라서 혼자 놀기를 어려워하나요? 아이는 같이 놀 줄도 알아야 하고 혼자 놀 줄도 알아야 해요.

관계 맺기를 좋아하는 아이라면 부모님과 함께 노는 시간을 정하고 반복적으로 그 시간을 지켜 주세요. 일상생활에서도 함께하는 활동을 늘려 보세요. 밥을 먹고 양치하는 것도 놀이가 되면 재미있는 시간이 될 수 있어요.

놀이하는 방법을 모르는 아이라면 처음에는 함께 놀면서 방법을 가르쳐 주세요. 같이 놀다가 점차적으로 혼자 놀이하는 시간을 늘려 가세요. 놀이 도구와 활동을 미리 준비해 아이가 쉽게 접근할 수 있게 해 주세요. 혼자 놀기 시작할 때는 칭찬과 격려를 아끼지 말고 성공적인 경험을 통해 자신감을 키워 주세요. 짧은 시간부터 시작해 점차적으로 놀이 시간을 늘려 가며 독립성을 키워 주세요. 놀이 후에는 아이와 함께 이야기를 나누며 성취감을 느끼게 해 주세요.

Q. 아이가 특정 장난감에만 집착해요

아이가 발달적인 어려움을 겪는 것이 아니라면 아이가 좋아하는 장난감으로 다양한 활동을 시도해 봐도 좋아요. 다른 장난감을 소개할 땐 천천히 접근해야 합니다. 처음엔 아이가 잘 볼 수 있는 곳에 노출시키고, 점점 아이와의 거리를 좁혀 가세요. 아이와 놀 때 부모님이 먼저 새로운 놀잇감을 가지고 노는 모습을 보여 주면 좋아요.

의성어나 의태어를 활용해 아이가 새로운 놀잇감에 흥미를 가질 수 있도록 재미있게 유도해 주세요. 아이가 좋아하는 특정 장난감과 유사한 것부터 시작해서 점점 다양한 모양의 놀잇감에 도전해 보아요.

가족, 형제자매

Q. 형제자매 간의 갈등이 자주 발생해요

우선 형제자매끼리 해결할 수 있는 시간을 제공해 주세요. 하지만 심한 말이 오가고 몸싸움으로 번진다면 부모가 개입해야 합니다. 갈등을 공정하게 중재하고 각자의 입장을 경청해 주세요. 욕구만 채워지면 해결되는 아이가 있고 부모의 인정이 꼭 필요한 아이가 있어요. 이러한 아이의 특성을 부모가 알아차리는 것이 중요합니다.

형제자매끼리 협력하는 활동을 통해 긍정적인 관계를 형성하도록 도와주세요. 갈등이 생겼을 때 지켜야 할 간단한 규칙을 정하고 문제를 해결하는 방법을 가르쳐 주세요. 갈등 상황에서는 차분하게 대응하고 형제자매가 서로 이해하고 존중할 수 있도록 지도해 주세요. 이때 부모는 시시비비를 가려 주는 것보다는 일관성을 유지하고 좋은 역할 모델이 되어 주는 것이 중요합니다.

Q. 발달이 느린 아이, 형제자매와의 시간을 어떻게 배분해야 할까요?

각각의 아이들과 보내는 시간을 공평하게 배분해 주세요. 발달이 느린 아이와 특별한 시간을 보내야 한다면 형제자매와도 그만큼 개인적인 시간을 보내 주는 게 좋아요.

또, 가족 활동 시간을 마련해 모두가 함께 즐길 수 있는 활동을 계획하세요. 형제자매가 서로의 차이를 이해하고 존중할 수 있도록 말이지요. 놀이 시간을 통해 서로의 강점을 발견하고 협력하는 기회를 제공하세요. 놀이 중 갈등이 발생하면 차분히 중재하고 서로 이해할 수 있도록 도와주세요.

Q. 형제자매의 질투를 어떻게 다뤄야 할까요?

부모가 공평하게 대한다고 해도 아이들은 공평하지 않다고 느껴요. 발달이 느린 아이를 위해 시간을 더 할애하기 때문에 다른 아이가 서운함을 느낄 수 있죠. 다른 아이가 질투를 할 땐 그 감정을 이해하고 표현할 수 있는 기회를 주세요.

질투를 다루는 데 있어서는 일관성과 공평함이 중요합니다. 아이의 감정을 인정해 주세요. 또, 질투는 나쁜 감정이 아니며 자연스러운 감정이라는 것을 알려 주세요. 일상생활에서 비교하는 말은 삼가고 각자의 성취와 장점을 칭찬해 주세요.

Q. 발달이 느린 아이와 형제자매의 차이를 어떻게 설명할까요?

사람마다 발달의 속도가 다르고 성향이 다를 수 있음을 쉽고 간단하게 설명해 주세요. 이러한 대화는 서로의 차이를 이해하고 존중할 수 있는 기회가 됩니다. 말로 설명하기가 어려우면 관련된 책을 읽거나 영화를 함께 볼 수도 있어요. 차이를 이해하는 것은 형제자매 간의 긍정적인 관계를 형성합니다.

그리고 형제자매가 서로를 도울 수 있는 기회를 제공하고 작은 성취를 칭찬해 주세요. 가족 활동을 통해 모두가 함께하는 시간을 가지며 유대감을 쌓아요. 형제자매 간의 관계를 강화하는 것은 가족의 행복을 증진시킵니다.

Q. 발달이 느린 아이가 형제자매와 다르게 대우받는다고 느낄 때 어떻게 해야 하나요?

그 감정과 생각을 인정해 주세요. 감정과 생각을 인정한다고 그게 사실이 되는 것은 아니에요. 어떠한 상황을 인지하는 것은 주관적이기 때문에 아니라고 반박하면 아이는 더욱 자신을 알아주지 않는다고 느낄 수 있어요. 서운함을 느끼는 형제자매에게 "엄마 아빠가 동생하고 시간을 더 보낸다고 생각하는구나"라고 말하며 아이의 입장을 공감해 주세요. 그 후에 부모님이 해 주고 싶은 말을 하시면 됩니다.

각자의 필요에 맞는 지원을 제공하되, 공평하게 대하려고 노력하는 것이 중요해요. 공평하게 대한다는 것은, 발달 수준과 성향에 맞게 대한다는 뜻이랍니다. 쉽게 말해 형은 초등학생이고 동생은 유치원생인데 용돈을 똑같은 액수로 주는 것은 공평한 게 아니에요. 대부분 큰아이에게 권위는 주지 않고 해야 할 의무만 주는 경우가 많습니다. 큰아이에게는 권위를 주면서 의무도 지킬 수 있도록 해 주세요.

Q. 발달이 느린 아이의 성취를
형제자매와 어떻게 공유할까요?

발달이 느린 아이의 성취를 가족 모두가 축하하는 시간을 만드세요. 작은 것도 크게 칭찬하고 형제자매도 함께 기뻐할 수 있도록 유도해요. 이때 잊지 말아야 할 것은 형제자매의 성취도 함께 인정하고 칭찬하는 것이에요. 모든 아이들이 자신의 자리를 든든하게 지키고 있다는 사실을 기억해 주세요.

Q. 발달이 느린 아이와 떠나는 가족 여행은
어떻게 계획할까요?

여행 일정을 빡빡하게 잡지 마시고 유연하게 계획하세요. 발달이 느린 아이를 고려하여 충분히 시간을 쓰면서 쉴 수 있는 여행을 만들어 주세요. 또, 온 가족이 함께 즐길 수 있는 활동을 계획하면 좋아요.

여행 중 돌발 상황이 발생하면 아이의 반응을 살피며 차분하고 유연하게 대응해 주세요. 가족 여행은 모두에게 소중한 추억입니다. 여행에서 돌발 상황은 늘 있기 마련이므로 너무 완벽한 여행을 추구하기보다는 아이와 함께 일상을 벗어난 것, 온 가족이 함께한 것에 의미를 두면 좋습니다.

Q. 발달이 느린 아이의 치료 일정을 형제자매에게 어떻게 설명할까요?

아이에게 치료 일정에 대해 간단하고 명확하게 설명해 주세요. 또, 아이가 이해할 수 있도록 치료의 필요성과 중요성을 충분히 설명해 주세요. 치료실에 가지 않는 시간에는 형제자매와의 특별한 시간을 갖기로 약속해 주세요. 특별한 시간은 거창할 필요 없어요. 외출하지 않고 가정에서도 둘만의 시간을 보낼 수 있어요.

부모는 한 달에 몇 번, 몇 시간이나 각 아이에게 시간을 할애할 수 있는지 확인해야 합니다. 부모의 일정을 확인한 후 아이가 원하는 시간을 함께 가질 수 있도록 조율해요. 부모가 자신과도 특별한 시간을 보내려고 한다는 것을 알면 아이는 열린 마음으로 협력할 수 있을 거예요.

느린 기질을 이해하고 성장 그릇을 키워 주는 발달 육아법

느린 아이 어떻게 키워야 할까

초판 1쇄 인쇄 2024년 9월 23일
초판 1쇄 발행 2024년 10월 10일

지은이 김미미, 김효선
펴낸이 김선식, 이주화

기획편집 임지연
콘텐츠 개발팀 김찬양, 이동현, 임지연
디자인 이다오

펴낸곳 ㈜클랩북스 **출판등록** 2022년 5월 12일 제2022-000129호
주소 서울시 마포구 어울마당로3길 5, 201호
전화 02-332-5246 **팩스** 0504-255-5246
이메일 clab22@clabbooks.com
인스타그램 instagram.com/clabbooks
페이스북 facebook.com/clabbooks

ISBN 979-11-93941-15-7 (13590)

㈜클랩북스는 독자 여러분의 책에 관한 아이디어와 원고 투고를 기다리고 있습니다.
책 출간을 원하시는 분은 이메일 clab22@clabbooks.com으로 간단한 개요와 취지, 연락처 등을 보내주세요.
'지혜가 되는 이야기의 시작, 클랩북스'와 함께 꿈을 이루세요.